地球村的警报

李海礁　著

北京日报出版社

图书在版编目（CIP）数据

地球村的警报 / 李海礁著 . -- 北京 : 北京日报出版社 , 2021.8
ISBN 978-7-5477-4014-9

Ⅰ . ①地… Ⅱ . ①李… Ⅲ . ①环境保护－普及读物
Ⅳ . ① X-49

中国版本图书馆 CIP 数据核字（2021）第 139181 号

地球村的警报

出版发行：北京日报出版社
地　　址：北京市东城区东单三条 8-16 号东方广场东配楼四层
邮　　编：100005
电　　话：发行部：（010）65255876
　　　　　总编室：（010）65252135
印　　刷：河南省环发印务有限公司
经　　销：各地新华书店
版　　次：2021 年 8 月第 1 版
　　　　　2021 年 8 月第 1 次印刷
开　　本：787mm × 1092mm　1/16
印　　张：12.5
字　　数：140 千字
定　　价：48.00 元

前　言｜Preface

如果不是偶然看到一篇介绍大象的文章，我还不知道大象有这么多神奇的本能，更不知道大象经历的苦难和面临的威胁。这不由得让我去了解了一些其它野生动物的情况，从而发现许多野生动物所处的生存环境十分恶劣，有的甚至到了物种消亡的边缘。

如果不是 2020 年一则“中国 10 万只鸭子将出征巴基斯坦灭蝗”的消息传得沸沸扬扬，我也不会知道蝗灾与全球气候变暖有什么关系。因为这件事又让我去了解了一下环境变化的有关情况，结果发现环境污染的问题很是不容乐观。

在漫长的历史岁月中，人类在与自然界的融合和斗争中求生存、求发展。近代以来，由于科学技术快速发展，人类认识自然、利用自然、改造自然的能力有了突飞猛进的提高。特别是进入现代社会，人类的生产力水平得到了空前提升，人类社会的发展已是日新月异。然而，人类社会欣欣向荣发展的同时，也给自然界带来了负面影响。

人类的生产生活给大自然带来的空气污染、水污染、土地污染以及对野生动植物的伤害，破坏了自然环境和生态平衡，反过来对人类的健康乃至生命也造成了威胁。这种破坏许多是永久性的，并且可能造成不可挽回的严重后果。如果人类不猛然觉醒，停止对自然界的破坏，那么人类终将遭到自然界的不断“报复”。为了不让大自然被继续糟蹋，也为了我们的子孙后代能够拥有一个美好世界，我们必须立即行动起来，让越来越多的人了解大自然遭到破坏的现状；让越来越多的人树立爱护自然、保护地球的意识；让越来越多的人为建设美好世界作出积极贡献。基于以上想法，我创作了这本书，希望能尽自己的一点力量为保护自然鼓与呼。

作者

2021年5月20日

目　录 | Contents

引　子 / 001

第一章　野生动物的眼泪 / 024

第二章　蝗灾的警示 / 078

第三章　“雾里看花” / 105

第四章　浊流 / 122

第五章　喘息的大地 / 140

第六章　X 攻略 / 158

引 子

平静的生活是最好的生活，守护平静生活的最好方法是居安思危。

我们居住在地球。

这是一个有空气、有水的蓝色星球。

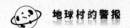

这是一个有山川、有河流、有动物、有植物、有人类的美好世界。

这个世界上的一切都有着千丝万缕的联系。

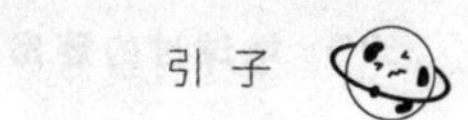

小明，你在想什么呢？

我在思考一个很大的问题。

哦，大问题，到底有多大呀？

我在想，地球是怎样形成的？生命的起源在哪里？

这个问题确实挺大，我以前听专家讲过，现在给你科普一下吧……

关于地球的起源，科学家们有不同的推测，比较主流的推测是这样的：

大约45.7亿年前，太阳系99%的物质向中心聚合，形成了太阳。太阳是一个不断发生核聚变、熊熊燃烧的“大火球”。

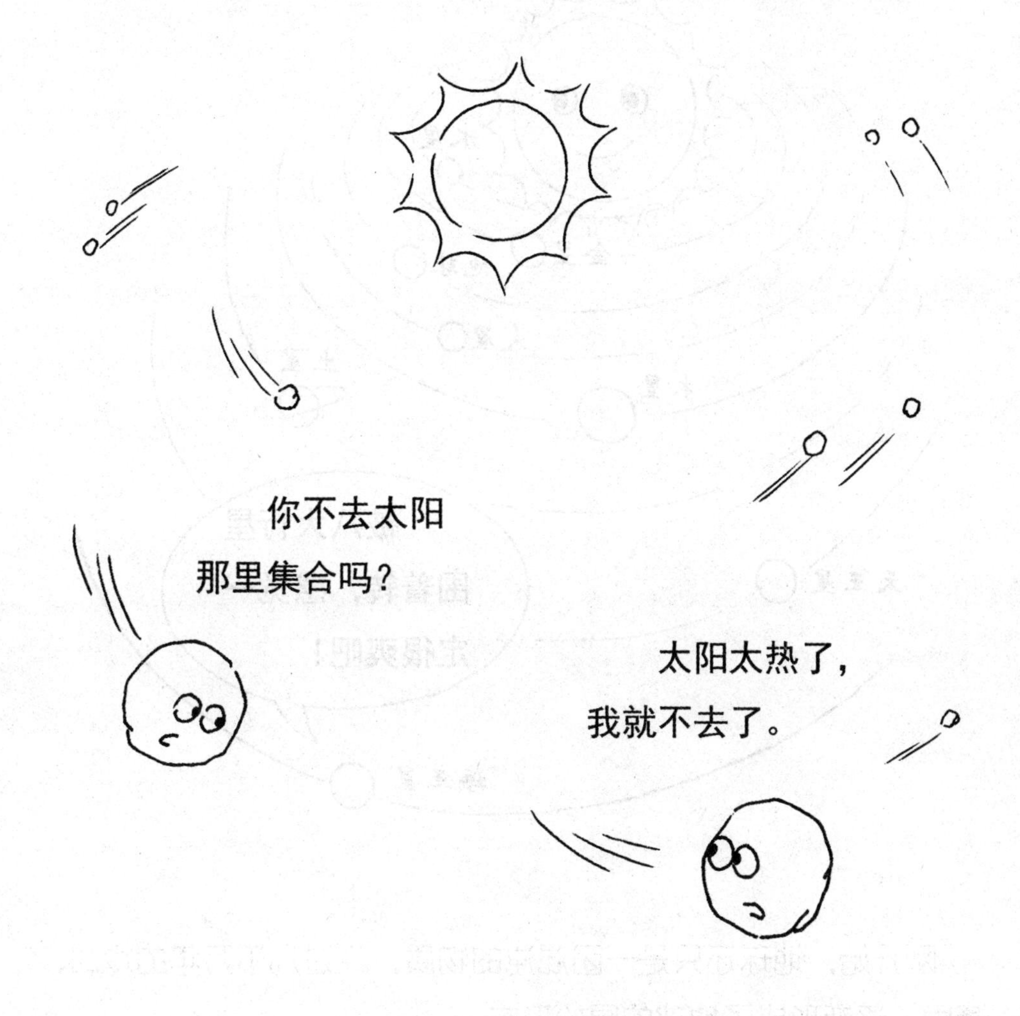

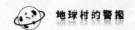

剩下的围绕太阳旋转的零散碎片，经过长时间的碰撞和引力作用，逐渐聚合成了八大行星。

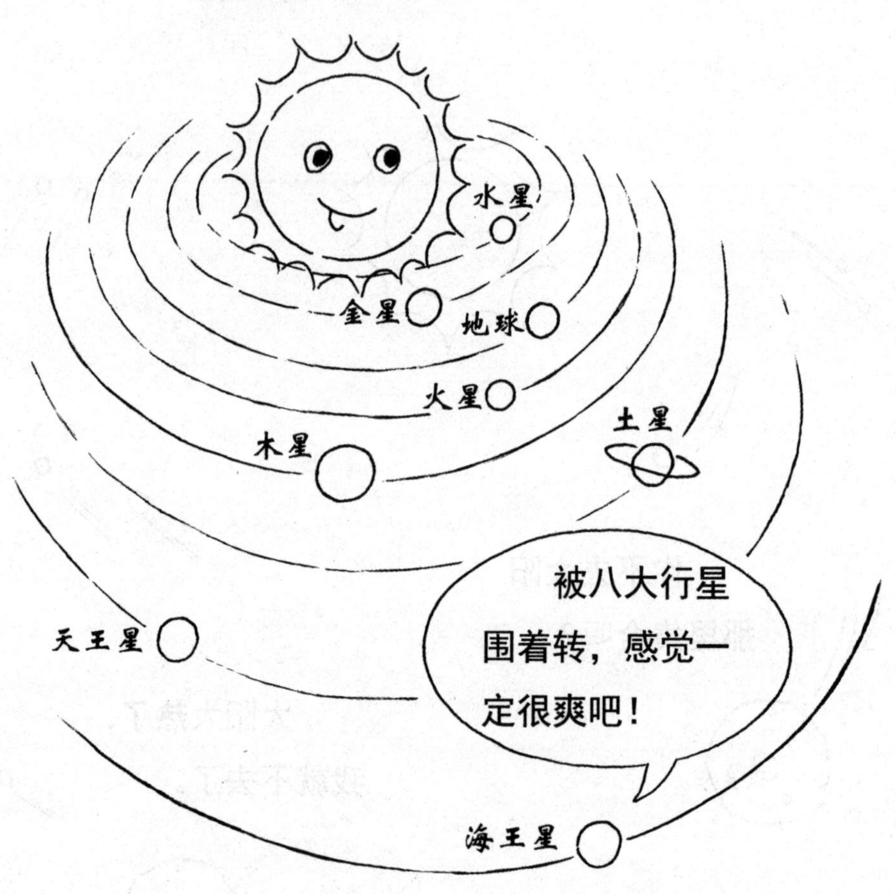

你们不愿意过来就算了，但是要围着我转哦！
水星
金星

火星
土星
木星
天王星
被八大行星围着转，感觉一定很爽吧！
海王星

刚开始，地球还只是一团混沌的物质，经过几千万年的冷却、凝固，逐渐形成了地球的原始形态。

地球内部的物质发生化学反应产生的气体喷出后，受地球引力的影响，留在地球周围形成了大气层。

大气中氢气和氧气化合产生的水蒸气不断增加，然后冷却凝结成小雨降落在地球表面，于是逐渐形成了原始海洋。

因为与太阳保持了合适的距离，地球才会有液态水。如果距离太近，温度高，水就被蒸发干了；距离太远，温度低，水就凝结成了冰。

在适宜的生存环境下，经过太阳的能量辐射，加上地球本身的电场、磁场作用，约38亿年前，最早的原始单细胞生命在水中出现，从此地球上有了生命。

嗨，你是什么？

我也不知道我是什么。

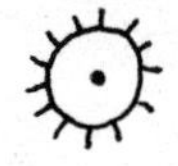

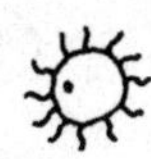

经过30多亿年的漫长演化，单细胞生命进化成多种海洋动植物。

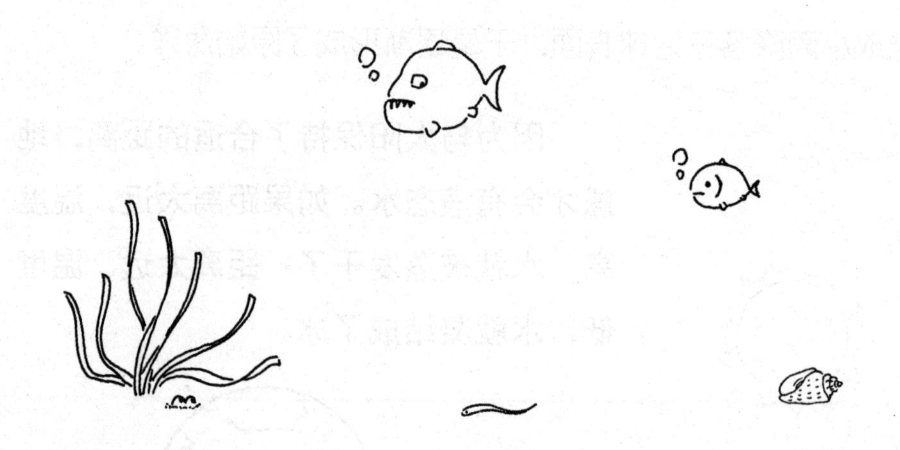

约3.75亿年前，陆地开始生长植物，有些海洋动物逐渐来到陆地生活。

约2.3亿年前恐龙出现，并且统治地球长达1.65亿年。

知道我们恐龙是怎么灭绝的吗？其实我们是寂寞死的，“无敌最寂寞”嘛……

呵呵，好冷的笑话！

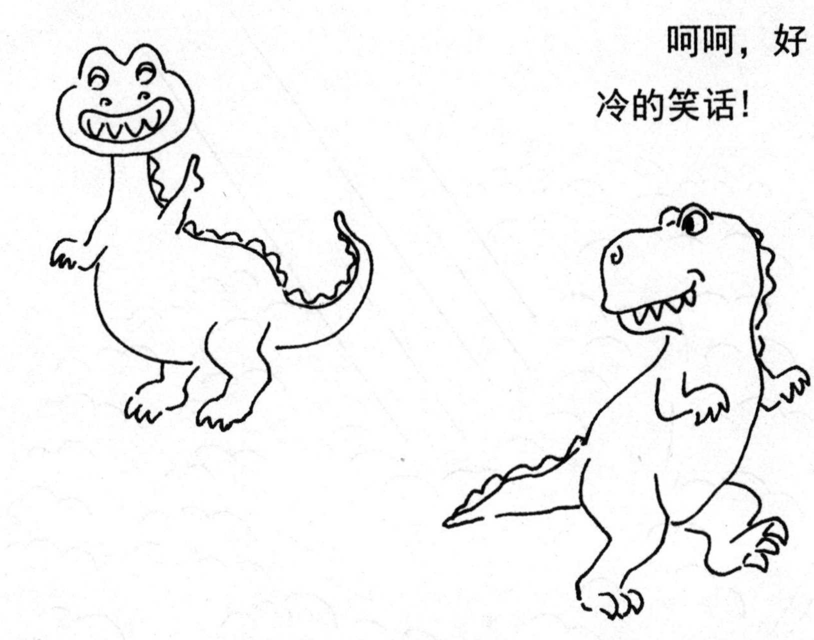

快看！那边有颗星星正飞过来！

约6500万年前，一颗直径大约10千米的巨大陨石撞击地球，引发连锁超级灾难。

恐龙全部消失

大约4700万年前，原始灵长类动物出现。

灵长类动物大脑发达，眼眶朝前，眼间距窄；手和脚的指（趾）头分开。大拇指（趾）灵活，多数能与其他指（趾）对握。

我们是世界上最聪明的动物。

到底谁最聪明，咱们走着瞧。

约3500万年前，人类的祖先古猿在地球上出现。

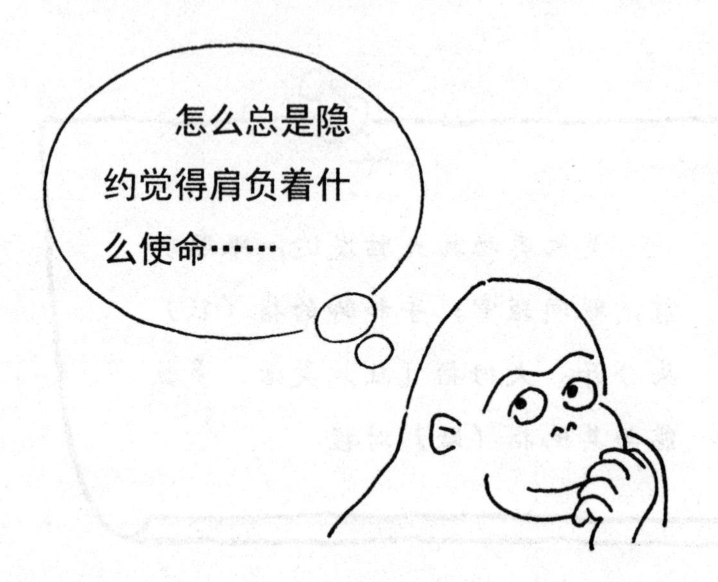

约600万年前，生活在非洲大陆的人类祖先与黑猩猩走上不同的进化道路。

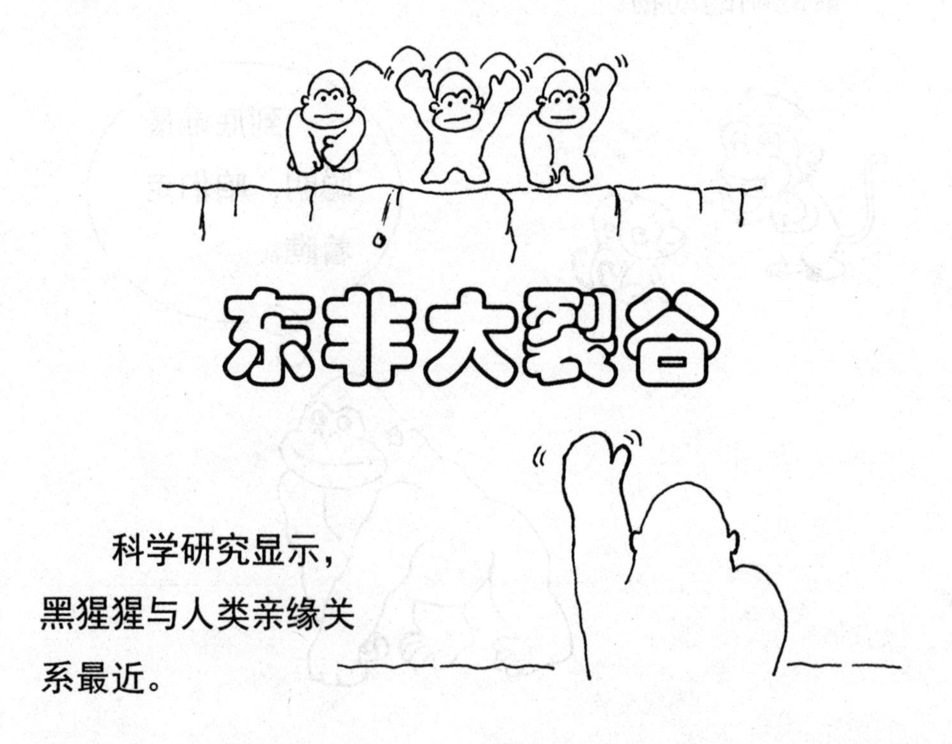

科学研究显示，黑猩猩与人类亲缘关系最近。

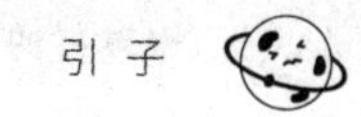

约400万年前，由于地理环境变化，东非大裂谷东侧的原始森林逐渐消失。人类的祖先为了适应生存环境从森林到草原的改变，开始学习用后肢行走。

约350万年前，人类的祖先学会了用后肢行走，于是双手被解放出来。

站起来
看得更远。

能找到更
多好吃的。

可是，狮
子也更容易看
到我们。

约150万年前，人类的祖先学会了制造工具和使用火。

你看看人家
的造型多拉风！

约1万年前，人类开始进行农业革命，人类的基本生产方式逐渐由以狩猎和采集为主转向以农耕和畜牧为主。

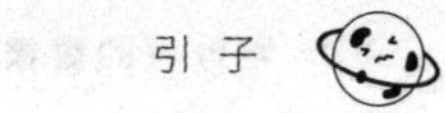

约5000年前，文字开始出现，人类进入文明时代。

中国有5000年文明史，而且一直延续至今，没有中断过。

18世纪中叶，人类开始第一次工业革命，开启以机器代替手工劳动的时代，生产力水平大大提高。

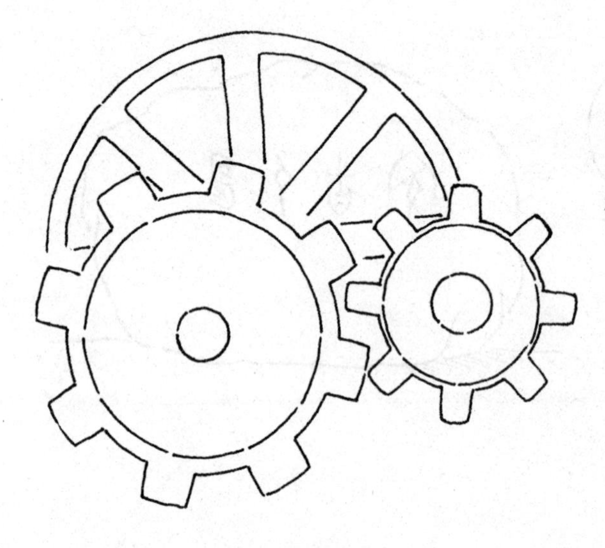

第一次工业革命以蒸汽机作为动力机被广泛使用为标志。

进入21世纪，人类已经历蒸汽时代、电气时代，步入了网络时代。

回看地球的诞生和人类的起源，感觉一切是那么漫长。而相比之下，近百年来人类的发展又显得那么快速和惊人。

看着高楼林立的城市、四通八达的交通和川流不息的人群，感觉人类真的很伟大。

不过，我现在又在思考另外一个很严重的问题。

哦？什么问题呢？

这个问题就是：人类将去向何处？

“我是谁？我从哪里来？我要往哪里去？”你这很像哲学终极三连问啊！

之所以思考这个问题，是因为人类虽然创造了文明世界，但也在逐渐破坏这个世界。

嗯？

人类在向地球获取物质资源、建设现代社会的同时，也在大量地污染环境、破坏生态平衡，埋下生存危机。

确实有隐患！

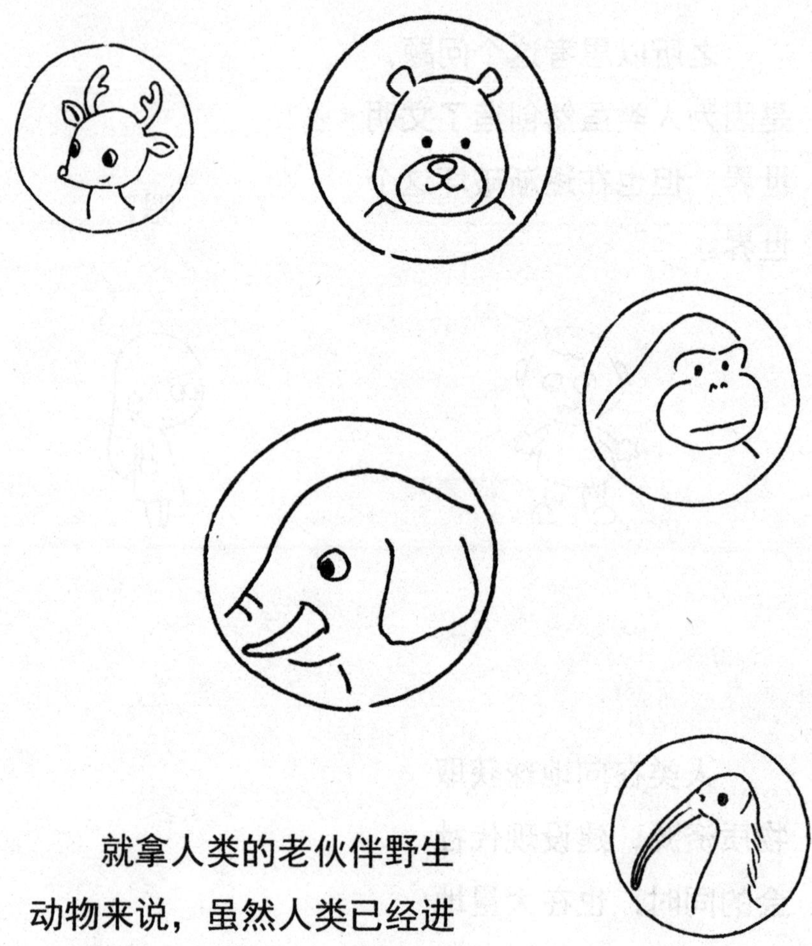

就拿人类的老伙伴野生动物来说，虽然人类已经进入现代社会，但伤害野生动物的情况频频发生。

人类社会的发展经历过茹毛饮血的年代，那时候人类与野生动物搏杀是为了生存。

哇，很久
没吃熊肉了，
别让它跑了！

进入现代社会，人类早已不需要靠猎捕野生动物求生存。但是，仍然有人为了攫取利益或者满足口腹之欲去猎杀野生动物。

哇，大象！

嘘，那不是
大象，那是钱！

野生动物一般不会主动招惹人类，但却总有部分人类“惦记”着野生动物。

最近很忙，没有空啊……有野味呀……那我抽空过去一下吧。

与拥有现代技术和装备的人类相比，野生动物几乎无还手之力，难逃被宰割的命运。

跑得再快也难跑出我这枪的射程！

但别忘了，野生动物也是地球村这一大家庭的成员，它们也是地球的主人。

人类大量捕杀野生动物必然会破坏大自然的生态平衡，从而遭到来自大自然的“报复”。

第一章　野生动物的眼泪

你之所以看不到野生动物的眼泪，是因为你并不了解它们经历了什么。

人类与野生动物相处已超过20万年。自进入近现代以来，人类对野生动物的威胁陡然增大。

别碰我，
我很凶的！

事实上，人类因为食用需求或受金钱利益驱使捕杀野生动物，已经对野生动物造成了很大的伤害，许多野生动物濒临灭绝。

让我们来看一看近
些年一直处在风口浪尖
上的几种野生动物吧！

大象是哺乳类动物，也是陆地上最大的动物。

哺乳动物，是指脊椎动物亚门下哺乳纲的一类用肺呼吸的温血脊椎动物。因能通过乳腺分泌乳汁来给幼体哺乳而得名。多数哺乳动物是全身披毛、运动快速、恒温胎生、体内有膈的脊椎动物。

5000万年前地球上就有大象了。

最初的大象长这样。

是不是有点像

猪？

经过几千万年不断地进化，大象变成了今天这个样子。

大象家族曾经非常繁荣，鼎盛时期有400多个品种遍布全世界。

距今三四千年前的殷商时期，大象在中国境内广泛分布，现在只有云南省的南部地区还有野生大象种群。

随着气候和环境的变化，大象家族现在只剩下3个种类，主要分布在非洲和亚洲。

大象一般能活到70岁左右，是动物界里的长寿明星。

如果从小饲养一头大象，它可以陪你走过一生。

前提是你必须养得起。

大象孕育一个宝宝长达22个月，是哺乳界怀孕时间最长的世界记录保持者。

象宝宝刚生下来就能站立，并且很快就能学会走路。

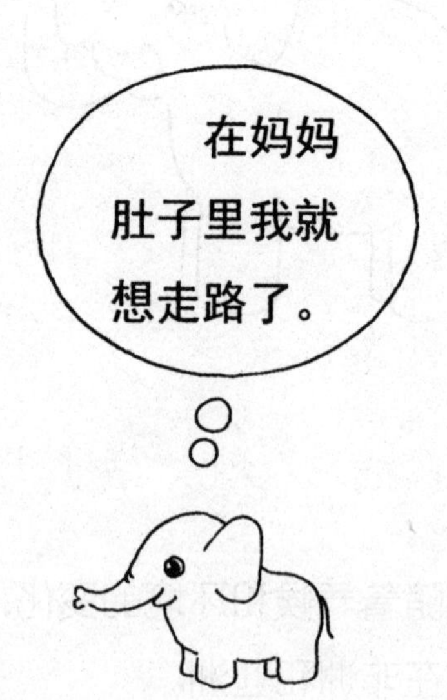

大象体型庞大，成年象体重可达8吨。

三国时期，曹操的儿子曹冲曾因想了一个办法可以称出大象的重量而被传为千古佳话。

大象有一条粗壮且很灵活的长鼻子，可以举起重达1吨的物体，也可以捡拾花生一样小的食物。

有人说，老鼠可以钻进你的鼻子里从而战胜你，是这样吗？

瞎扯，一个喷嚏就把它打出来了。

大象的两个门齿特别发达，能长成又长又弯的象牙，显示出强大的战斗力。

我的牙曾
经弯成这样。
冰河世纪！

大象主要以野草、树叶、树皮、嫩枝为食。

如果我们是
肉食性动物，早
就饿死了。

大象是群居动物，通常通过声音、气味和抚摸来交流。大象的家庭关系非常和睦。

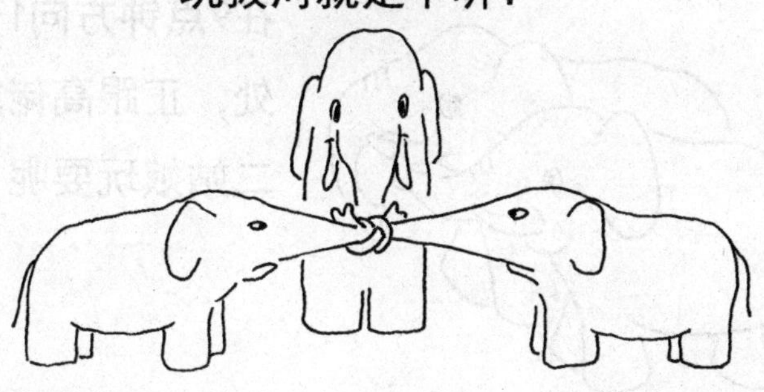
告诉你们不要
玩拔河就是不听！

大象可以用人类听不到的次声波交流。这种声波一般能传播11千米。

相当于每头大象
都有一个天然电台哦。

如果距离再远些，象群会一起跺脚，产生巨大的声波，让远在32千米处的同类也能听到呼唤。

远处传来的地面振动波沿大象的脚掌通过骨骼传到内耳。大象脸上的脂肪是可以扩音的。

远方的朋
友在呼唤我。

大象的长鼻子不仅能做各种动作，而且嗅觉比猎犬还要灵敏。大象可以凭视觉和气味同时掌握30个同伴的所在位置。

我们的大儿子在9点钟方向1千米处，正跟高佬象的二姑娘玩耍呢！

大象的记忆力非常好。它可以长期记住族群中很多大象的叫声。甚至很多年前经过的地方，也能准确地走回去。

经科学研究表明，大象大脑中负责记忆的区域比人类的还要大哦！

看来这里的干旱会持续很长时间，大家跟我一起去我30年前经过的那个湖吧！

好的！

好的！

OK！

因为能记住许多与同伴的共同经历，所以大象之间的感情特别深厚。如果一只大象死去，亲人们会长时间站立在它周围表示哀悼。

大象性情温顺，不会主动攻击人类，但人类却会捕杀大象——因为有利可图。

象牙是贵重的文玩材料，象牙制品，尤其是象牙雕刻品价值不菲。

有些人为了追求金钱利益疯狂猎捕大象，导致大象数量急剧减少。2014年，联合国《濒危野生动植物种国际贸易公约》秘书处发布的报告显示，过去三年被非法猎杀的非洲象每年均超过两万头。

以这个速度捕杀大象，

大象很快就会灭绝的。

一根象牙值不值钱，与它的粗细长短有很大关系。

象牙长在大象牙床上接近于头骨的腔体内。偷猎者为了把象牙卖个好价钱，往往将大象击倒后残忍地将象牙整根拔出，致使大象极其痛苦地死去。

以前没见过你，你是刚刚加入我们这个象群的吗？

是的。我们原来的象群被人类袭击，我的爸爸、妈妈被打死了，象群也跑散了。

我们最近也是经常被人类袭击，现在都不知往哪里去才安全。

唉——

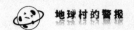

1989年，《濒危野生动植物种国际贸易公约》禁止涉及象牙的国际贸易，象牙走私价格由此迅速上涨。

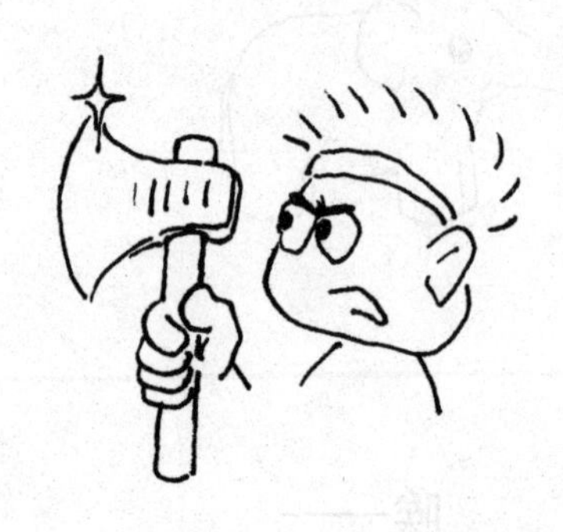

这么多年来，偷猎大象和象牙贸易依然屡禁不止。

我国将大象列为国家一级保护野生动物，并在2018年起全面禁止象牙贸易，用法律手段加强对大象的保护。

除了获取象牙，人类捕捉大象还用来做苦力或表演。

这些圈养的大象长期面对的是皮鞭、象钩、铁链、闭锁和孤独。

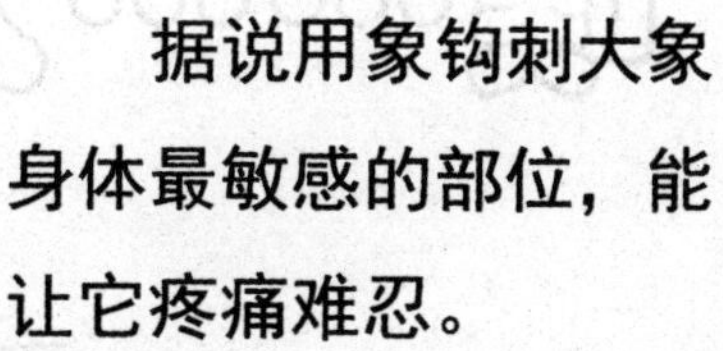

据说用象钩刺大象身体最敏感的部位，能让它疼痛难忍。

人们看得见大象有趣的表演，却看不见它们背后承受的残酷虐待和痛苦。而且抓来驯化表演的很多还是小象。

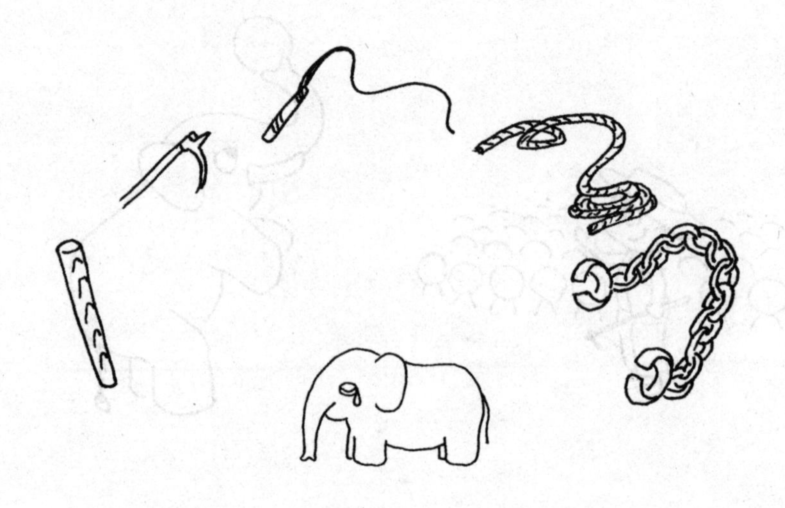

唉……太可怜啦！

穿山甲是在地球上生存了几千万年的古老物种。穿山甲是陆地哺乳动物，有 **8** 个品种，主要分布在东南亚和非洲部分国家。

穿山甲体形狭长，头呈圆锥形，四肢粗短，尾扁平且长，身上密布角质鳞甲。

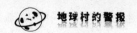

穿山甲视力差、听力差、无齿，但嗅觉灵敏。

全靠鼻子揾食啊！

听口音你是外地甲吧？

穿山甲的四肢长着强有力的爪子，能上树觅食或挖洞。

其实并不是所有的穿山甲都会挖洞。

穿山甲主要生活在丘陵、山麓和平原比较潮湿的杂灌丛或草丛中。

穿山甲一般白天待在洞穴里，傍晚才外出觅食。穿山甲的主要食物是白蚁，也吃蚂蚁、蜜蜂和其他昆虫。

视力不好，夜晚出行对我们更有利。

穿山甲有一条又细又长且能伸缩的舌头，舌头上有黏性唾液。它通过嗅觉找到蚁巢，用前爪扒开蚁巢，再用长舌黏住白蚁舀进嘴里，这样就可以饱餐一顿了。

看，我的舌头可以伸得很长。

警报！警报！穿山甲来了！

穿山甲很能吃，一顿能吃下500克白蚁。

亲爱的，一起出去吃晚餐吧。

帮我打包回来呗，要一斤白蚁，加点蜂蜜。

白蚁对树木、农作物和建筑物有很强的侵蚀破坏力，穿山甲吃掉白蚁，实际上是在做一件非常有意义的事。

老师说，做好事不留名。

穿山甲通常每年只生一个宝宝，宝宝出生两个月后就可以随妈妈外出觅食。外出时，穿山甲妈妈把宝宝驮在自己腰尾部上，形影不离。

穿山甲生性胆小害羞，行动缓慢，遇到危险时就抱住脑袋蜷缩成一团。若带着宝宝，就将宝宝藏在身体和宽大的尾巴下面。

快到我的尾巴下面来！

有坏人！

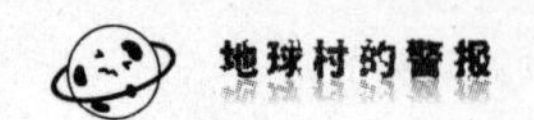

狮子等猛兽对蜷缩成团、浑身鳞片的穿山甲无从下嘴，拿它没有一点办法。

快告诉我这东西怎么吃！

走吧，那不是你的菜。

但是，穿山甲这种能抵挡大型食肉动物对其攻击的方法，对人类却没有丝毫效果。

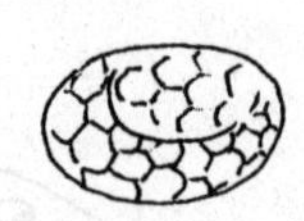

也许“穿山甲”这个名字过于响亮，让人们对它产生了无尽的遐想。

既然会“穿山”，
那就一定是个神兽。

神兽身上的东西一定是特别神奇的。

朋友，相信我！吃了穿山甲的鳞片做成的药，保你药到病除，逢凶化吉。

于是，穿山甲的鳞片就成了神奇的药材。

穿山甲的肉成了大补的食材。

讹传抬高了穿山甲的价格，一些人以食用昂贵的穿山甲来炫耀自己的身份和地位。

为了庆祝谈成
这笔生意，今晚我
请大家吃穿山甲。

讹传愈演愈烈，人们对穿山甲的市场需求日益变大，猎杀穿山甲的行为日趋疯狂。

穿山甲甚至成了全球被贩卖最多的哺乳动物！

如果我们不叫“穿山甲”这个名字，是不是就不会有这样悲惨的命运呢？我们另外改一个名字吧。

改个什么
名字比较好呢？

叫“害羞鼠”
好不好？这样显得
很弱。

这个名字好！我们
要选一个勇敢的穿山甲
去告诉人类，我们已经
改名叫“害羞鼠”了。

我去！

我很勇敢，我去！

还要会
说人话哦。

沉默，寂静……

事实上穿山甲不会穿山，顶多会挖洞，挖的洞也只是给自己一个居住的地方。

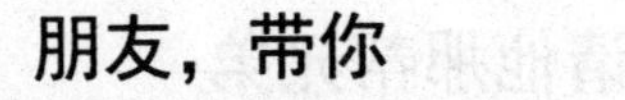
朋友，带你
看看我的豪宅。

经过科学检测，穿山甲鳞片的成分其实就是角蛋白，和我们指甲的成分是一样的。

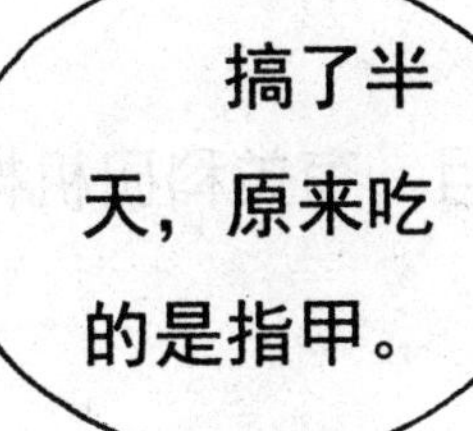
搞了半天，原来吃的是指甲。

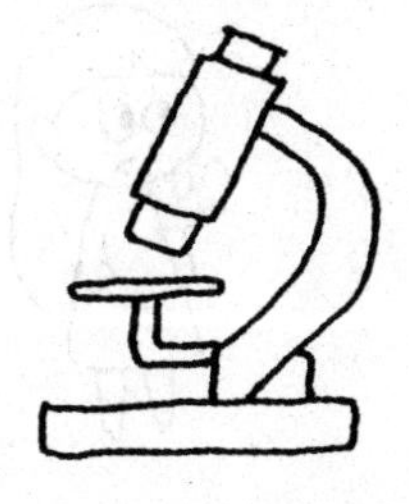

穿山甲的肉也没有很高的营养价值。

我老公昨天又请他那帮兄弟吃穿山甲了。

价钱贵不一定有营养，吃野生动物是犯法的！

而且，有关科研机构在穿山甲身上还发现了冠状病毒。

一种野生动物身上可能会携带很多种病毒。

动物携带病毒没事，人接触到就麻烦了。

大量的捕杀使穿山甲数量大幅减少，穿山甲面临灭绝的危险。

2016年，《濒危野生动植物种国际贸易公约》规定禁止穿山甲科属买卖交易。亚洲许多国家立法禁止捕杀穿山甲。

我国将穿山甲列为国家一级保护野生动物，通过制定法律予以保护。

但是，在高额利润的刺激下，依然有人铤而走险。非法捕杀、走私和贩卖穿山甲的形势依然十分严峻。

那些缺德的家伙，要停下他们的嘴怎么这么难？

要相信情况会慢慢改善的。

听说人类最近在穿山甲身上发现了冠状病毒。

是的，希望人类会因为这个减少对我们的猎杀。

我要回家了，拜拜！

拜拜！

我们的家，也就是我们的洞，是很讲究的哦。

我们夏天住的洞，建在地势比较高的山坡上。主要是因为夏天雨水多，这样做可以防止雨水灌进洞里。

当然，我们夏天建的洞也会选在比较凉快的地方，如果能面对一片美丽的风景就更好啦。

夏天住的洞挖得不深，装修简单，出入方便。

冬天住的洞，建在比夏天住的洞低一些的山坡上。一般坐北向南会比较暖和。

因为冬天天气寒冷，所以洞会挖得很深，并且弯弯曲曲。另外，每隔一段距离还会堆起一道土墙挡风。

中间还要经过白蚁的穴，方便冬季不用外出也可以有东西吃。

警报！穿山甲又来了！

洞的尽头是宽敞的卧室，里面铺着软软的杂草，睡觉很暖和。这里也是新出生的穿山甲宝宝的摇篮哦。

我们穿山甲很讲究卫生，每次大便都要跑到洞外挖个坑，便完后用土埋起来。

好了，不多说了，我要回我温馨的家了。

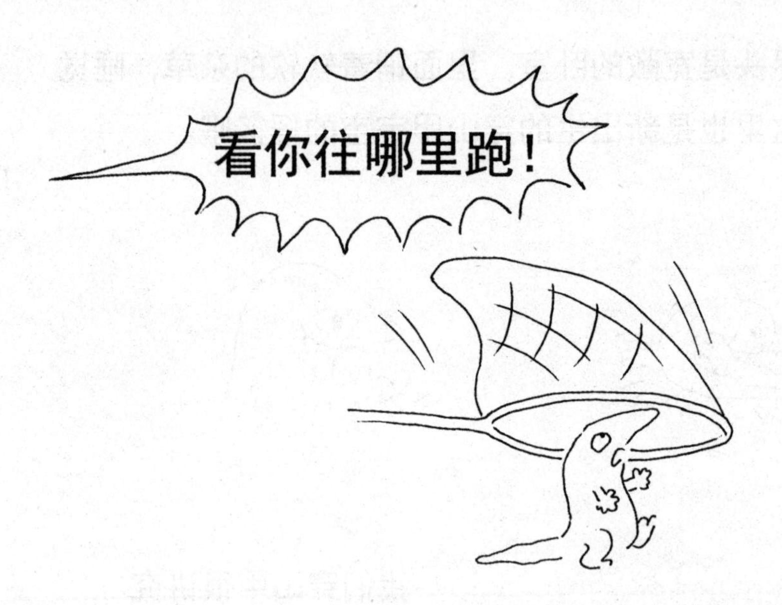
看你往哪里跑！

这是今天抓到的第三只，我要发财了，哈哈哈……

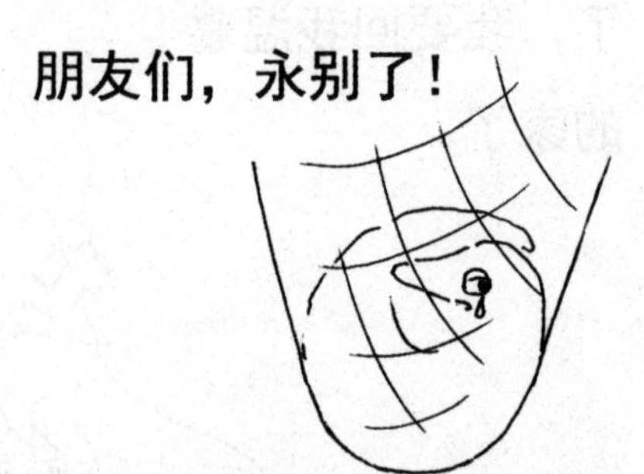
朋友们，永别了！

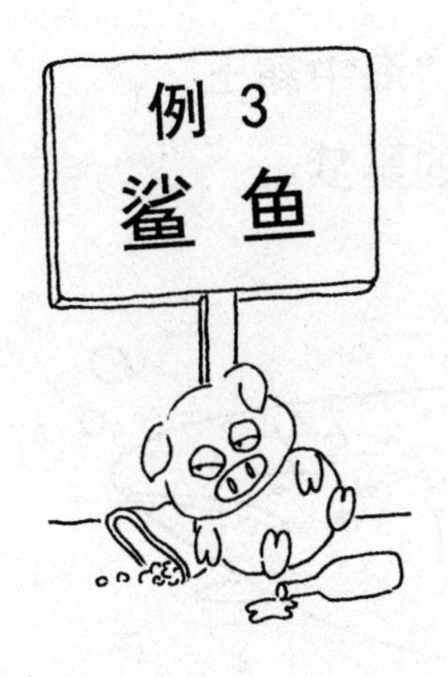

提到鲨鱼，大家脑海中闪现的一定是海中的庞然大物吧，甚至是血盆大口。

其实鲨鱼的种类很多，约有300种。我国海域大约有130种。

大多数鲨鱼的体型是比较小的，80%的鲨鱼体长在1.6米以下。

我是“海中霸王”，
我是你们的噩梦。

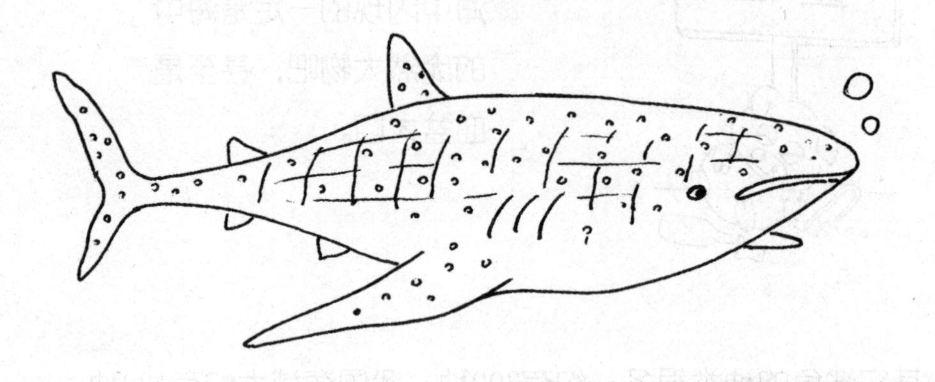

鲨鱼中体形最大的是鲸鲨，最大个体体长可以达到20米，体重可以达到12.5吨。

虽然娇小如
我，但也是赫赫
有名的鲨鱼呢！

最小的鲨鱼是硬背侏儒鲨，大约只有20厘米长。

鲨鱼在地球上生活了超过5亿年，比恐龙出现得还要早。

俺是看着恐龙长大的。

鲨鱼的身体呈长纺锤形，游速很快。

现在还不饿，让你们先逃一小时。

鲨鱼嗅觉灵敏，能通过嗅觉感知远距离的情况。

哥们儿，3000米外有血腥味。

一起去吃晚餐吧。

噬人鲨可以用鼻子嗅到几千米外水中受伤的人或动物。

鲨鱼的牙齿很特别，有五六排，且十分锋利。外面一排若有牙齿脱落，里面一排的牙齿就会向外移动补上。

鲨鱼几乎都是肉食性的。其强大的战斗力，使它在海洋生态系统中占据生物链的最顶端，对维护海洋生态平衡发挥着重要的作用。

鲨鱼一般不会主动攻击人类，伤人的鲨鱼只有20多种，最凶猛的是噬人鲨、鼬鲨、低鳍真鲨3种。

我是噬人鲨，
又叫大白鲨，是杀
手界的高手！

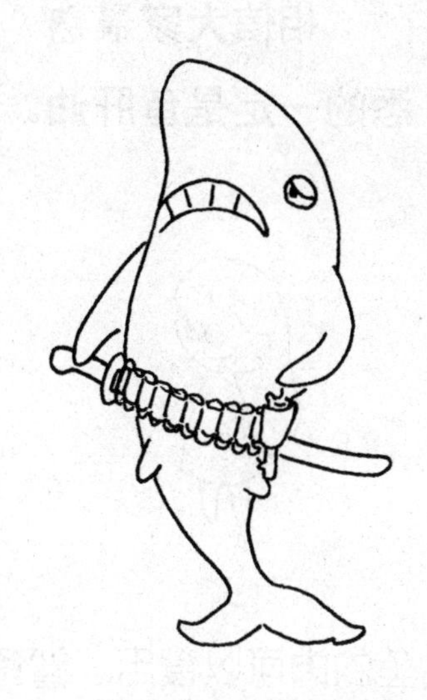

出现鲨鱼伤人的情况通常是人类进入鲨鱼的活动范围并干扰了鲨鱼的活动，又或者是海上翻船后人员受伤流血较多。

我在哪？我是谁？

这个人想干什么？

他要伤害我们吗？

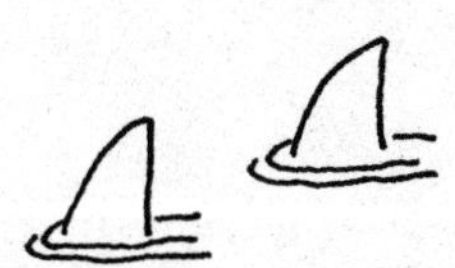

我好害怕！

鲨鱼的软骨、肝、皮等可以制成多种功能的药物或工业制品。

相信大家最熟悉的一定是鱼肝油。

鲨鱼肝油、软骨提取物等可以用来治疗肿瘤。

鲨鱼的肉可以食用。鲨鱼的鳍（鱼翅）一直被奉为美食上品。特别是在亚洲，食用鱼翅是富贵的象征。

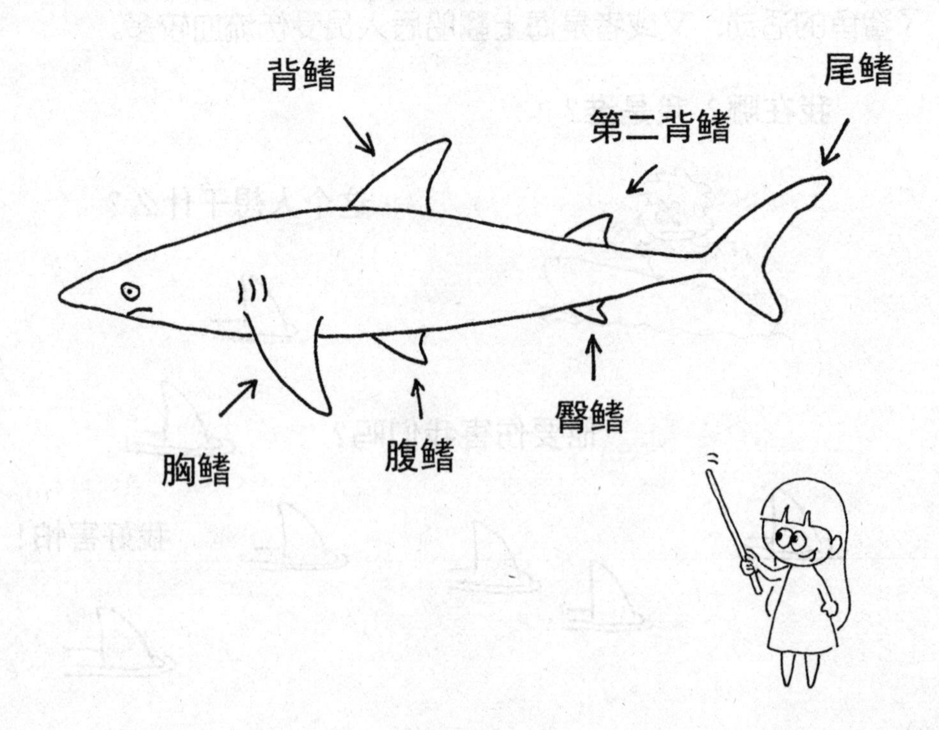

鱼翅昂贵的价格使得人们对鲨鱼进行疯狂的捕猎。

由于鲨鱼肉难以处理，并易引发食物中毒，有的人在捕到鲨鱼后直接砍下鲨鱼鳍，然后把鲨鱼扔回海中。

被砍掉鳍的鲨鱼无法控制平衡，在海水中要痛苦挣扎两个星期后才会死去。

我们在水中哭泣，人类永远看不见我们的眼泪！

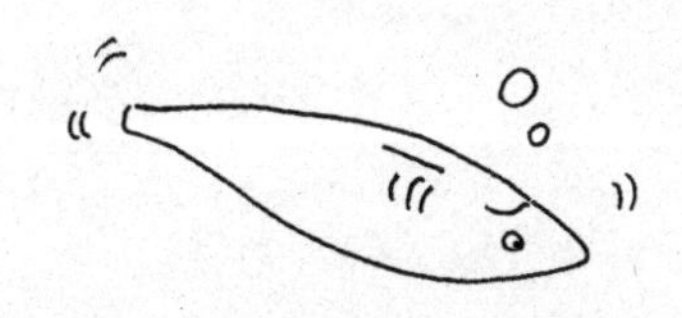

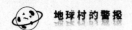

其实鱼翅中通常含有重金属。有研究显示，鱼翅被汞污染的程度可高达70%。

据联合国粮农组织统计，每年被捕杀的鲨鱼数量超过1亿条，相当一部分种类的鲨鱼已经成为濒危甚至极危物种。

硬是把“海中霸王”吃成了保护动物。

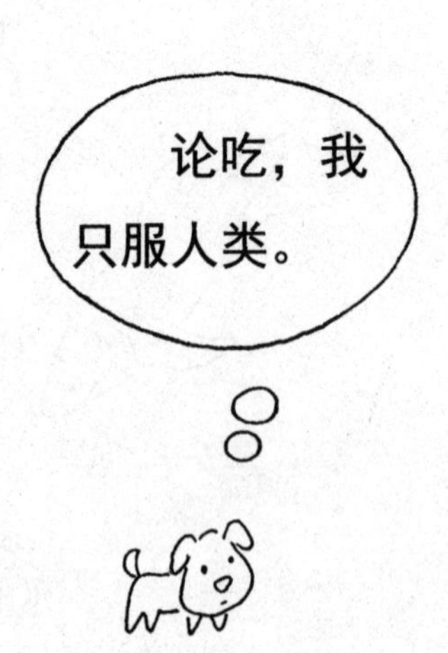

1999年，《濒危野生动植物种国际贸易公约》规定严禁进行涉及鲸鲨、姥鲨和噬人鲨的贸易活动。

现在已有60多个国家禁止加工生产鲨鱼翅。

我国也加强了对有关鲨鱼的保护，近年来广泛开展拒绝鲨鱼翅的宣传，取得了一定的效果。

你吃的不是鱼翅，
你吃的是你的良心！

是你的良心！

你吃的不是鱼翅

不是鱼翅

要彻底阻止对鲨鱼的乱捕滥杀，还需要做出很大的努力。

请爱护野生
动物，不要再吃
鱼翅了！

我得搬多
少砖才能有钱
吃鱼翅……

野生动物和人类一样，都是地球村大家庭的成员，人类对野生动物的乱捕滥杀必然会导致野生动物的生存危机，破坏生态平衡，最终也将危及人类自己。

狼大哥，为什么你每晚总是望着月亮？

月亮上没有人类，应该适合我们生存。

过度捕杀野生动物，造成某些野生动物的灭绝，会减少生物的多样性，使某些生物的进化被迫中断。

看来全世界只剩下咱哥儿几个了。

本来我还想，我们的子孙能不能进化出一对翅膀，看来没希望了。

一种野生动物的灭绝也会给生态环境带来破坏，特别是对那些依靠某些特定野生动物传播种子的植物会造成严重影响。

几位帅哥，帮我把种子拿去种一下吧。
不懂。
不会。
没空。

生态平衡被破坏，有的肉食性野生动物在缺少食物的情况下，就很有可能袭击人类。

某种野生动物的灭绝会造成对食物链的破坏，进而导致其他一些野生动物的退化、灭绝，或者爆发性繁衍。

举个栗（例）子

猫头鹰是捕捉田鼠的能手，人类过度捕杀猫头鹰，造成田鼠的天敌减少。田鼠大量繁衍就会严重破坏庄稼，造成人类粮食的减产。

村子东边的庄稼归你们“通吃帮”，西边的归我们“扫光帮”。

不行，我们“通吃帮”兵强马壮，什么时候轮到你们定规矩？

捕食野生动物的危害最可怕的当然是有可能被野生动物传染病毒，暴发瘟疫，这也是人类捕杀野生动物可能会招致的严重后果。

人类一般看不见我们，我们却可以横扫人类。

偶尔给他们一点教训，刷刷存在感，不然他们都没有了敬畏心。

一个新物种的诞生，要经历非常漫长的岁月，而人类要毁灭一个物种，往往几十年就够了。

举个栗（例）子

地球进入冰河世纪，北方的棕熊为了适应常年在海水中和冰山上的生活，慢慢演化成北极熊，足足用了200万年的时间。

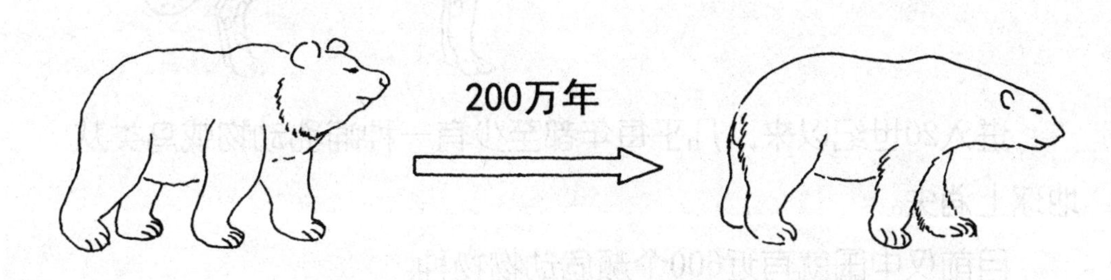

16世纪开始，人口数量大增，科学技术发展加快，伴随而来的是物种灭绝的速度也开始加快。

渡渡鸟，1681年灭绝。

巨儒艮，1768年灭绝。

从被人类发现到灭绝仅用了27年。

斑驴，1883年灭绝。

台湾云豹，1972年灭绝。

进入20世纪以来，几乎每年都至少有一种哺乳动物或鸟类从地球上消失。

目前仅中国就有近600个濒危动物物种。

没有买卖就没有杀害。

一个人喜欢一点野味或买一点用野生动物做的工艺品，看似没有什么，其实影响是很大的。

世界上有那么多鲨鱼，我们吃一碗鱼翅不会有什么影响吧？
大家都吃一碗，数量就很大。关键是只要市场有需求，就会有人去猎杀野生动物。

有的野生动物就是这样一只一只被吃没了。

怎么我喜欢的野味都不见了？

“一只南美洲亚马孙河流域热带雨林中的蝴蝶，偶尔扇动几下翅膀，可以在两周以后引起美国得克萨斯州的一场龙卷风。”这是美国气象学家爱德华·洛伦兹著名的“蝴蝶效应”理论。

意思是说，一件不起眼的小事情，却可能引起一连串的巨大反应。

我想起了“千里之堤，溃于蚁穴”的古训……

就像“蝴蝶效应”一样，一个人小小的欲望有可能就会成为一群人的欲望，这欲望大起来可以毁灭无数生命。

反过来，每个人小小的努力，也可以遏制住对野生动物的乱捕滥杀，拯救濒临灭绝的生灵。

勿以恶小而为之，

勿以善小而不为。

我们和野生动物生活在同一个世界，毁掉了野生动物的世界，也就毁掉了我们自己的世界。

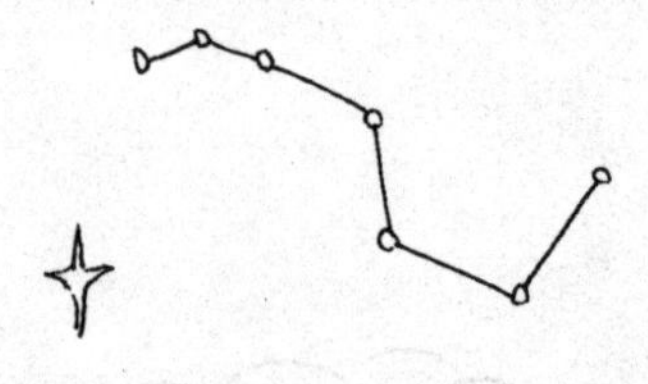

好多物种已经灭绝了，但有些物种却开始泛滥……

人类要有应对之策呀！

人类完全可以和野生动物成为朋友。

野生动物对自然有特殊的感知力，人类可以借助它们的感知避开一些自然灾难。

2004年12月26日发生的印度洋海啸造成了大量人员伤亡，但是当地的野生动物却能幸免于难。

在斯里兰卡东南部有一个大型的野生动物园，海啸发生时造成当地200多人丧生，而生活在这里的大象、豹子、野猪、鹿等动物却无一死亡。因为在海啸来临前，野生动物都跑到能躲避海啸的地方了。

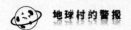

其他地方的野生动物也表现出对这次海啸的预感。

在泰国一个旅游度假区，海啸发生当天的早上，很多大象望着大海的方向不停地叫唤。

那边有什么表演吗？

后来所有的大象都开始往高处跑，于是人们也跟着它们往山上跑，幸运地避开了海啸的袭击。

发生什么事了吗？
我们为什么要跑？
别人都跑，我们就跟着跑吧！

野生动物除了比人类更能提前感知危险的到来，在其他方面也有一些特殊的能力，这些往往能给人类带来有益的启发。

第二章　蝗灾的警示

一切事物都会改变，应该向哪个方向改变，大自然会告诉你。

人类对大自然造成的不利影响会以某种现象体现出来，给人们以警示。

世界上的事物是普遍联系的，一种现象的发生，绝不会是孤立、偶然的。

我们来关注一下这只小小的蝗虫吧！

2020年2月，东非、中东和南亚地区的一些国家遭到了严重的沙漠蝗虫灾害。

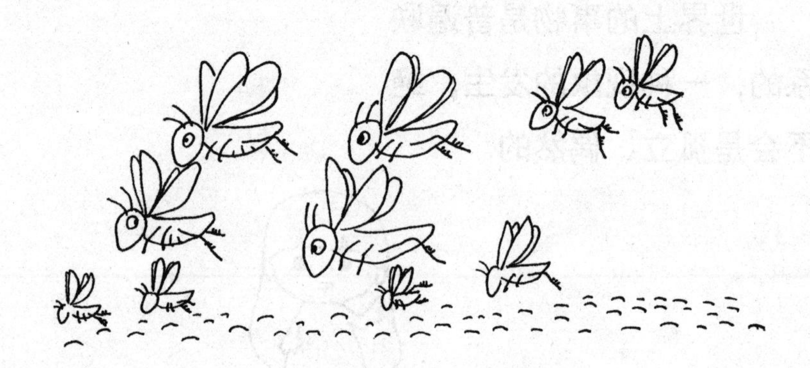

其中肯尼亚和埃塞俄比亚遭遇了几十年来最为严重的一次蝗虫灾害。

巴基斯坦近50个城市遭受蝗灾，国家宣布进入紧急状态。

据有关报道，这次蝗虫群大约有4000亿只。

4000亿！很难想象是个什么场面。

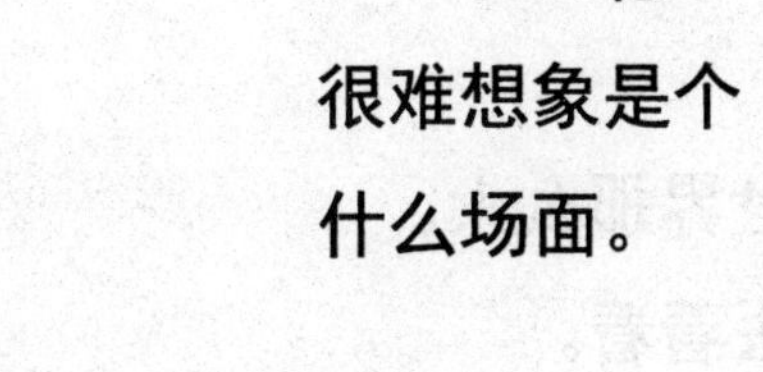

蝗虫铺天盖地，横扫多国。所过之处，农作物难有幸免，给当地造成巨大的经济损失。

“遮天蔽日”说的就是我们啦！

气势如虹啊！

蝗虫种类繁多，全世界有10000多种，分布在热带、温带的草地和沙漠地区。

世界那么大，

应该去看看。

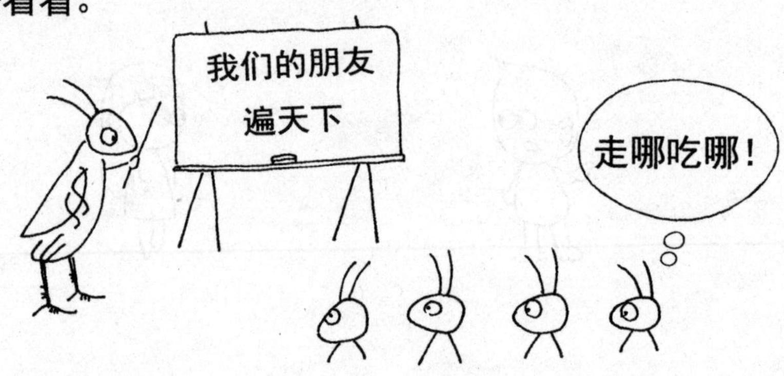

蝗虫主要包括飞蝗和土蝗，飞蝗之中以沙漠蝗危害性最大。

我们是蝗虫中的战斗机！

蝗虫喜欢吃小麦、水稻、玉米、高粱、粟子、甘蔗等农作物，对芦苇、稗草、红草等杂草也照吃不误。

一个规模为一平方千米的沙漠蝗虫群，大约有4000万只蝗虫，一天可以吃掉3.5万人的口粮。

4000亿只蝗虫理论上一天可以吃掉多少人的口粮？

沙漠蝗虫数量少时，行为方式是散居，此时身体外观为褐色或淡黄色。

自给自足，
逍遥自在。

随着沙漠蝗虫数量的增加，它们的行为方式就转为群居，身体外观颜色也发生了变化。未成熟的蝗虫呈粉红色，成熟的蝗虫呈亮黄色。

我们现在是大规模、集团化行动，要讲究纪律……

你为什么不是亮黄色？你是间谍吗？

我还是比较喜欢……独立自在的生活……我向往自由！

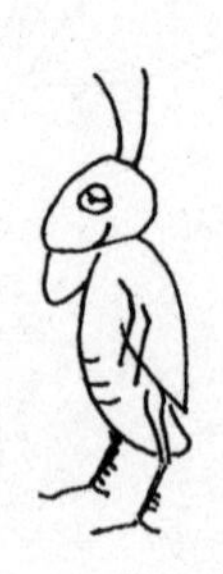

为什么会突然出现规模如此之大的蝗灾呢？4000亿只沙漠蝗虫是怎么突然冒出来的呢？

其实这是气候变化异常造成的。

沙漠蝗虫虽然来自干旱的沙漠，但是它的爆发式增长却是因为沙漠雨水的增多。

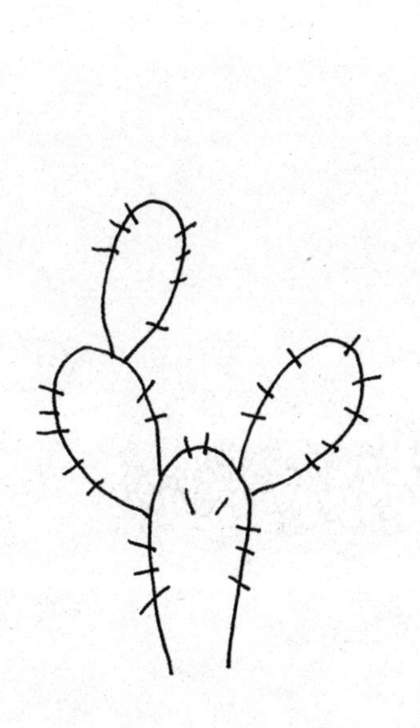

2018年，因为气候反常，阿拉伯沙漠产生了两场气旋风暴，带来了大量降雨，在沙漠中形成了临时性湖泊，使植物骤然生长，给沙漠蝗虫大量繁衍提供了有利条件。

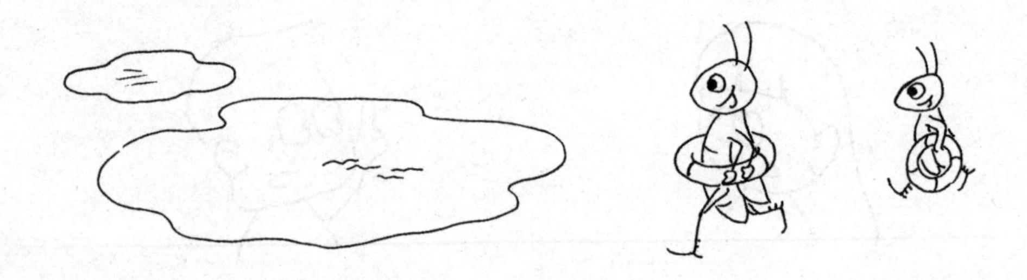

一只沙漠蝗虫能活3~5个月，成年的雌性沙漠蝗虫可以繁殖比上一代数量多20倍的后代。

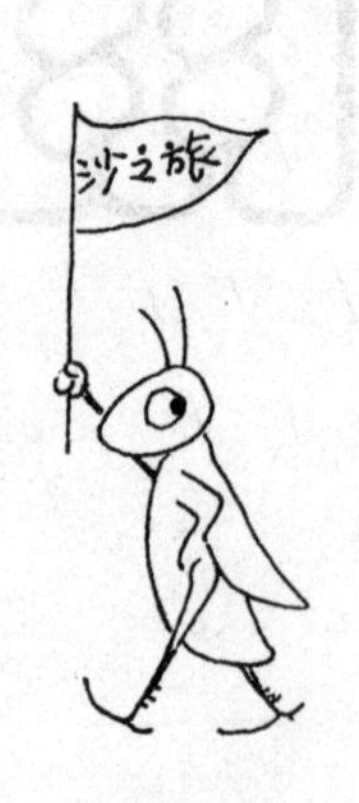

阿拉伯沙漠两场气旋风暴的影响长达约9个月，让沙漠蝗虫繁衍了三代，数量增长约8000倍。

哇，天文数字啊！

然后，沙漠蝗虫开始向东非和南亚迁徙。

抓紧练习，我们
要去更远的地方。

去干什么？

当然是去
吃大餐啦！

沙漠蝗虫每天可乘风飞行150千米。

2019年夏天，百亿蝗虫像翻滚的乌云掠过红海和亚丁湾，侵入埃塞俄比亚和索马里。

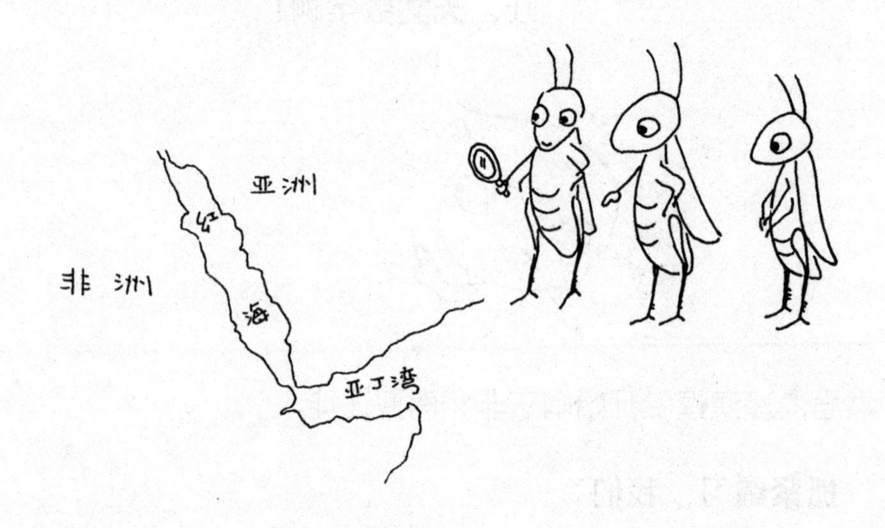

2019年10月，东非罕见大规模降雨，接着又迎来了一波阿拉伯海气旋风暴，这让沙漠蝗虫再次得到大量繁衍，并向周边国家扩散。

到2020年2月，蝗灾已经威胁到东非、中东和南亚地区多个国家的粮食生产。

天哪，这日子怎么过啊！

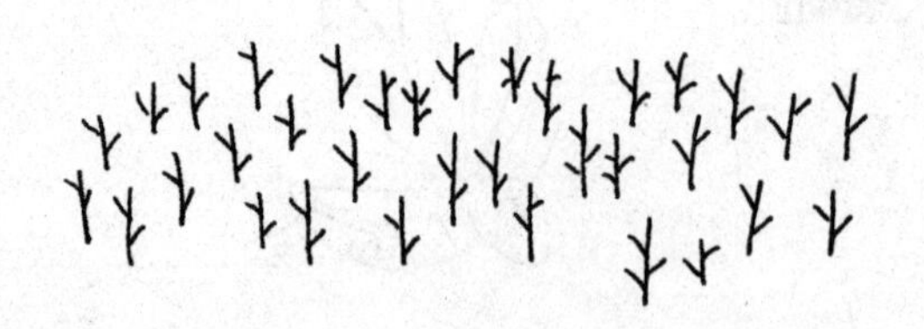

多国采取了许多方法应对蝗灾。

老大，人类派了大批的鸭子来对付我们！

慌什么，飞高点，别让它们吃到就行了。

老大，有架飞机过来了，好像是喷洒农药的……

闪啦！

有专家称，大规模蝗群的出现可能只是即将来临的灾难的先兆，如果气候持续异常，后果将会更加严重。

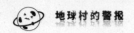

为什么会反复出现这种异常天气呢？

这是人类造成的。

人类经过漫长的进化和发展，从猿人慢慢变成了懂得制造、使用工具，能够发掘和利用自然资源的现代人。

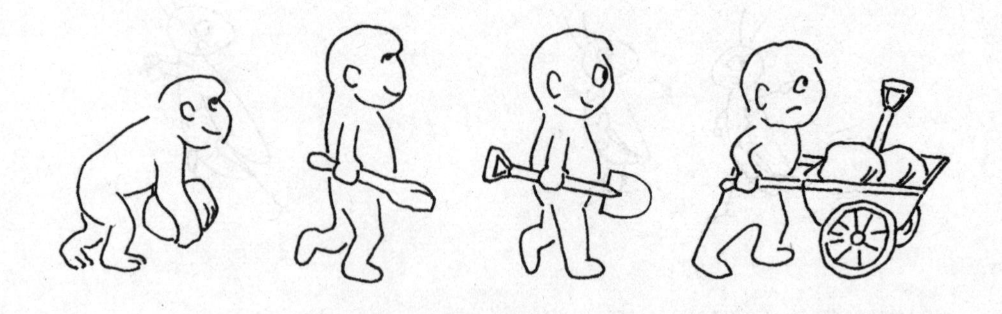

人类在成长的过程中，不断从大自然中获取生存的资源，总结自然规律和与自然灾害斗争的经验，逐渐创造出灿烂的人类文明，建立起现代社会。

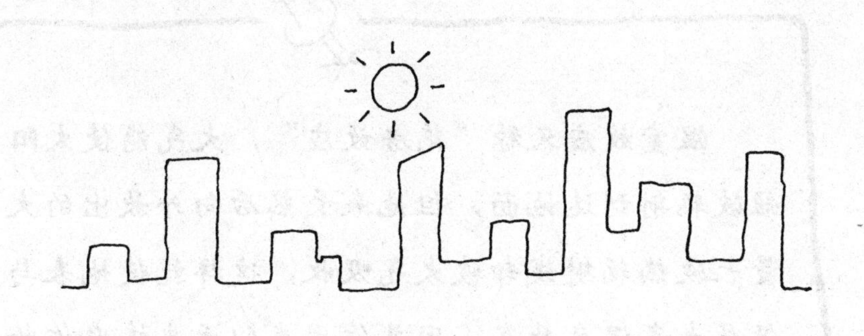

大自然养育了人类，人类越来越懂得开发、利用自然资源，让自然资源更好地为人类服务。

但是在开发、利用自然资源的过程中，人类的行为又逐步走向破坏自然环境的错误道路。其中，气候的异常变化就是人类破坏环境形成“温室效应”的直接结果。

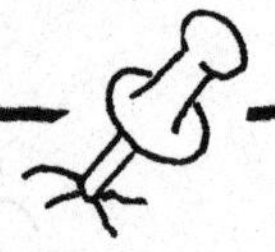

温室效应又称“花房效应”，大气能使太阳短波辐射到达地面，但地表受热后向外放出的大量长波热辐射线却被大气吸收，这样就使地表与低层大气温度升高。因其作用类似于栽培农作物的温室，故名温室效应。

简单来说，地球的周围有一层大气层，大气层包裹着地球，像一个玻璃罩一样保护着地球。如果没有这个罩，地球上的平均温度只有-23℃。

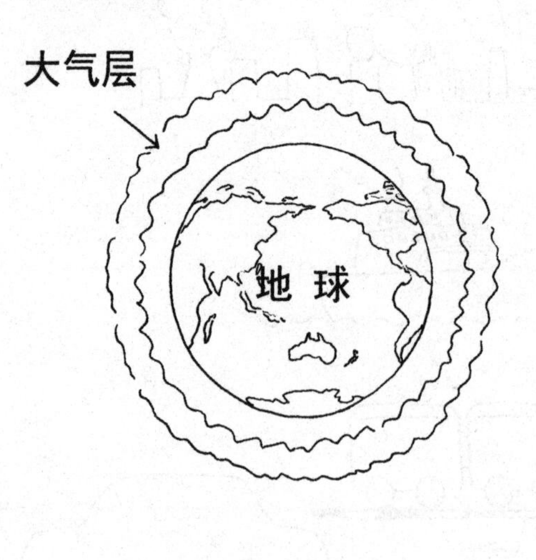

如果没有大气层，地球上一年到头都是冬天。

因为有了这个大气层，地球上的温度就不会太低，更适合人类和其他生物在地球上生存。

但自从人类进入工业时代后，就开始大量甚至过度开采地球上的资源，如煤炭、石油、天然气等等。

人类在使用、消耗这些资源时，排放出大量的有害气体，使得大气层的温室气体越来越多、越来越厚。地球表面的温度也随之越来越高。

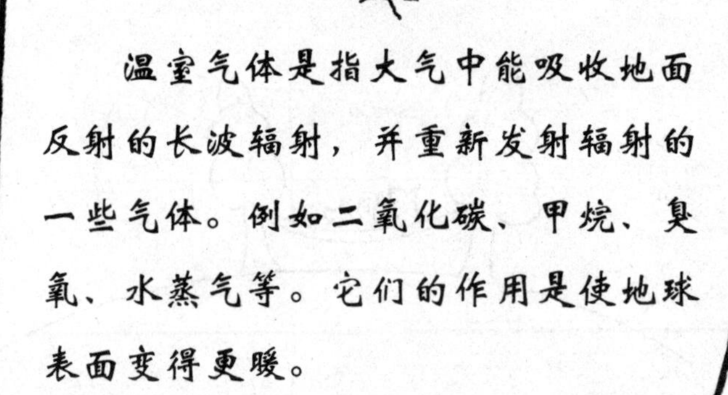

温室气体是指大气中能吸收地面反射的长波辐射，并重新发射辐射的一些气体。例如二氧化碳、甲烷、臭氧、水蒸气等。它们的作用是使地球表面变得更暖。

人类排放大量的有害气体，必然会形成温室效应，破坏自然环境。

地球表面温度升高了，就会使气候条件发生变化，出现一些异常的极端天气如频繁出现风暴等，影响地球的生存环境。

本来这些排放的有害气体中，对大气影响最大的温室气体——二氧化碳是可以被森林等绿色植被吸收一大部分的。

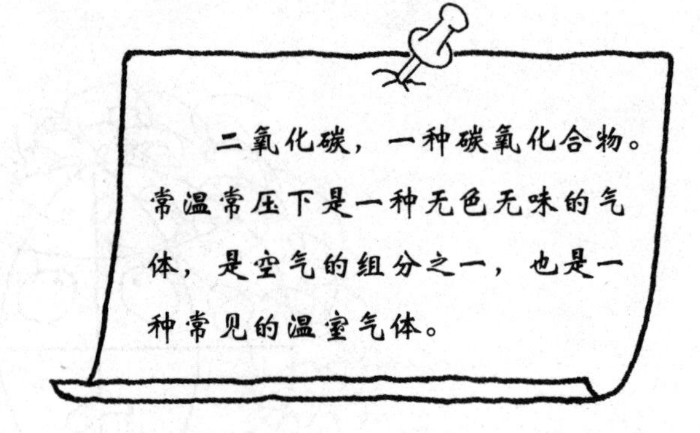

二氧化碳，一种碳氧化合物。常温常压下是一种无色无味的气体，是空气的组分之一，也是一种常见的温室气体。

可以这样说，人在呼吸时，吸进去的是氧气，呼出来的气体就是二氧化碳。

这样解释科学吗？

森林可以吸收大量的二氧化碳，通过光合作用制造氧气。还可以防止水土流失，涵养水源。

由于人类无节制地大量砍伐森林，使更多的二氧化碳进入了大气层。

举个栗（例）子

有“地球之肺”之称的南美洲热带雨林——亚马孙热带雨林，它覆盖了地球5%的面积，制造了全世界10%的氧气。

它是世界最大的热带雨林，跨越了9个国家和地区。

由于遭到不当开发和盗伐，亚马孙热带雨林面积正在快速减少。雨林的消退除了加剧温室效应外，也会让在这里生存的大量生物面临灭绝的危险。

天下之大，竟无容身之地啊！

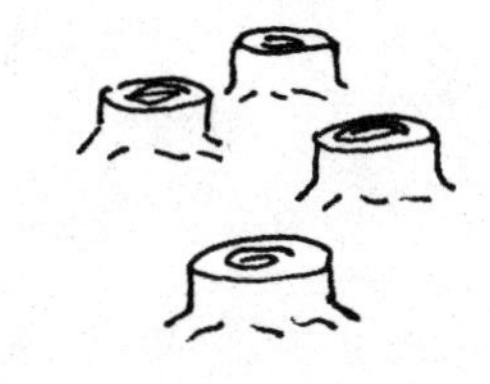

人类破坏自然环境导致的温室效应会带来一系列的不良后果。

如果人类不能遏制全球气温的上升，那么类似于引发蝗虫灾害这种异常的天气就会愈演愈烈。

在某些区域，风暴及降雨不断。

而在另外的区域则是常年干旱。

20世纪60年代末至70年代初，非洲西部撒哈拉地区持续多年发生严重干旱，使当地国家经济遭受严重打击，饥荒不断，饿殍遍野，造成空前灾难。

气候长期干旱也会造成土地沙漠化。

撒哈拉沙漠的南部，每年沙漠面积大约向外扩展1.5万平方千米。

全世界每年约有6万平方千米的土地发生沙漠化。

你知道土地是怎样变成沙漠的吗？
说起来有一卷纸那么长，你还是自己上网查查吧。

中国近50年来形成的沙漠大约有5万平方千米。

中国这些年加大了防止土地沙漠化的力度。
通过治理，沙漠也可以变绿洲，但需要时间。

土地沙漠化正影响着世界上约100个国家的10亿多人口的生活，每年消失的土地可生产约2000万吨粮食。

温室效应还会引起海平面上升。

一方面，海水受热膨胀会使海平面上升；另一方面，全球变暖会使南北极的冰层以及陆地上的冰川迅速融化，使海洋水量大大增加。

北极的冰都融化了，我也活不下去了……

海平面上升会对岛屿国家和沿海低洼地区带来灾难性影响。轻则浸蚀海岸、淹没土地，重则浸没城市甚至整个国家。

旅游胜地马尔代夫是低海拔岛国，有科学家警告称，随着海平面上升，100年内马尔代夫将不再适合人类居住。

看来问题很严重呀！

如果海平面上升一米，一些世界级大城市如纽约、伦敦、悉尼、上海等将面临被浸没的危险。

海平面上升将会导致沿海大量人口迁往内陆地区，人类的生存空间被大大压缩。

妈妈，我们
什么时候回家？
我们的家
没有了，再也
回不去了……

温室效应造成的极端天气，如干旱和风暴等不利于农作物生长。

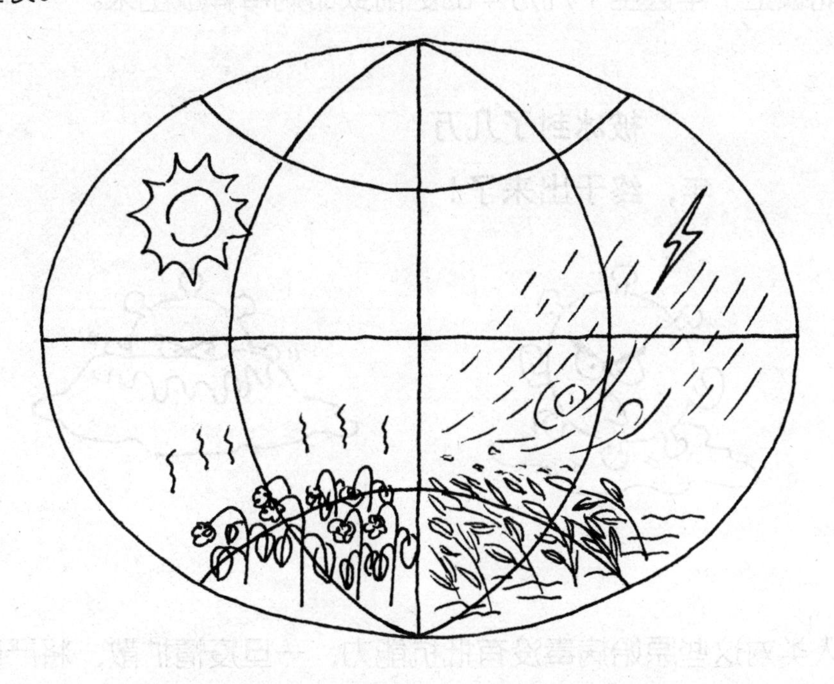

全球气候变暖，也会导致农作物病虫害增加。

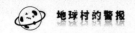

有科学家警告称，全球气候变暖，两极冰层融化很可能将冰封在北极上千年甚至十几万年的史前致命病毒释放出来。

被冰封了几万年，终于出来了！

人类对这些原始病毒没有抵抗能力，一旦疫情扩散，将严重威胁人类的生存。

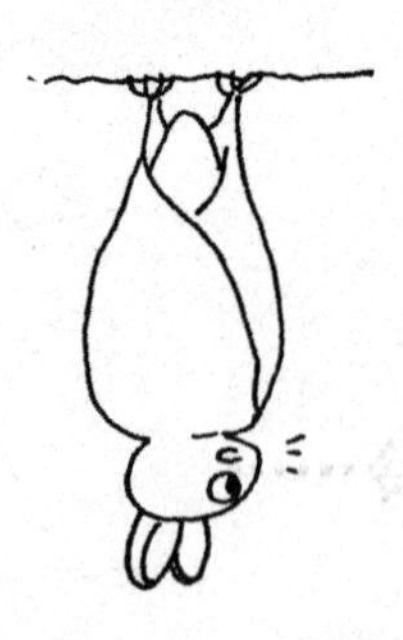

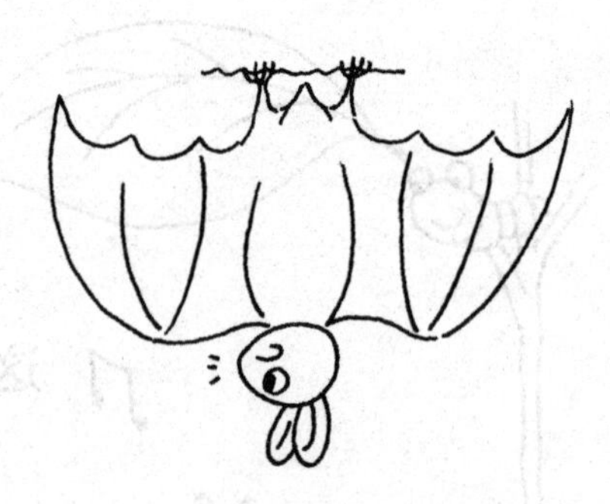

我有点儿世界末日就要来临的感觉。

不是世界的末日，而是人类的末日！

第三章　“雾里看花”

或许有一天，有的地方连呼吸一口新鲜空气也会成为一种奢望。

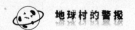

人类不断向大气中排放大量的有害气体，不但会产生温室效应，形成恶劣天气，还会使我们生活的环境受到污染。

就连我们无时不刻都离不开的**空气**也会受到威胁。

你就是我的
空气，时时刻刻
都离不开你……

像我这么清
新的空气现在是
越来越少喽！

2013年集中爆发的雾霾天气我们还记忆犹新，这就是空气被严重污染给人类的一个重要警告。

雾霾其实是“雾”和“霾”的合称，因为它们经常组合在一起出现，所以就把它们叫作雾霾。有雾霾出现的天气就叫作雾霾天气。

我们是最佳黑暗组合！

雾是由大量悬浮在近地面空气中的微小水滴或冰晶组成的天气现象，是近地面层空气中水汽凝结（或凝华）的产物。

如果单纯只有雾，问题还不是很大。

霾是由空气中的灰尘、硫酸、硝酸、有机碳氢化合物等粒子组成的。

霾比雾更有害！

雾霾主要由二氧化硫、氮氧化物和可吸入颗粒物组成。

颗粒物的英文缩写是PM，空气动力学当量直径小于或等于2.5微米的颗粒物即PM2.5，其粒径虽小，但富含大量的有毒有害物质，并容易被人呼吸时吸进体内。这种颗粒物在空气中的含量浓度用PM2.5的数值表示，对PM2.5的监测方便了人们了解大气环境质量。

二氧化硫和氮氧化物是气态污染物。

可吸入颗粒物是加重雾霾天气污染的主要原因。

汽车尾气是雾霾中有毒颗粒物的主要来源。

汽车在运行中排放出大量的有毒气体进入大气，尤其是使用柴油的大型车辆是排放有毒气体的“大户”。

雾霾的组成成分还有工业生产中如冶金、窑炉、喷漆、发电等排放出的大量废气。

冬季烧煤供暖排放的废气。

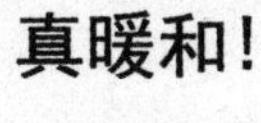

建筑工地、道路交通以及家庭装修等产生的扬尘。

雾霾主要出现在城市及周边地区，并与气候有关。

当出现静稳天气时，大气中的悬浮微粒无法扩散稀释，就容易产生雾霾天气。

我读的书
少，什么是静
稳天气？

简单来说，
就是没有风。

雾霾对人类生活有许多危害。

雾霾造成能见度降低，容易引发交通堵塞，甚至发生交通事故。

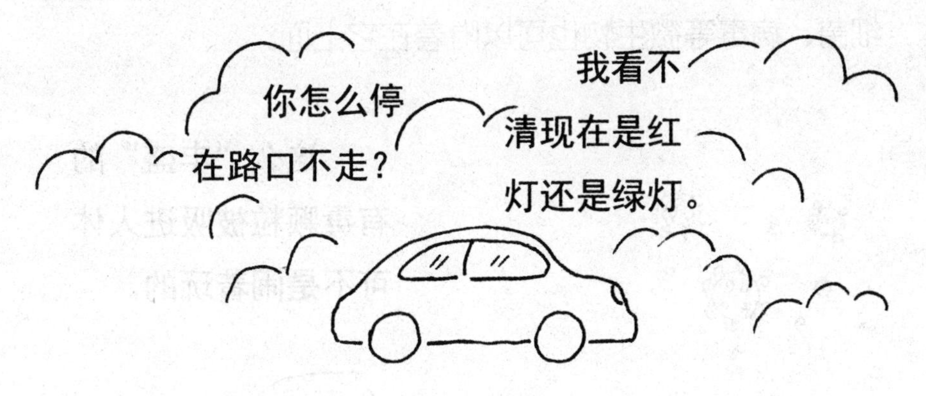

雾霾天气对公路、铁路、航空、航运等都有影响。

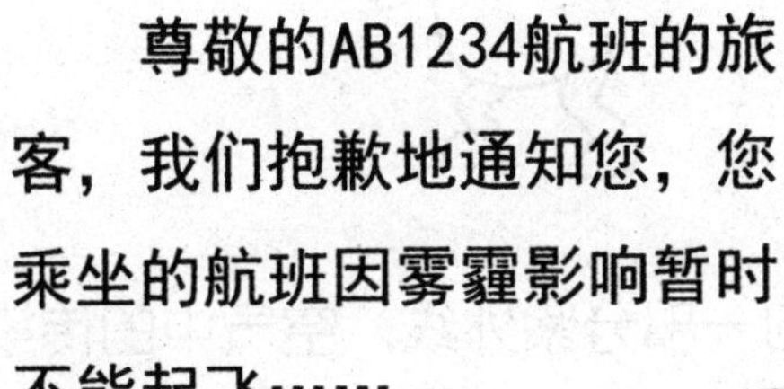
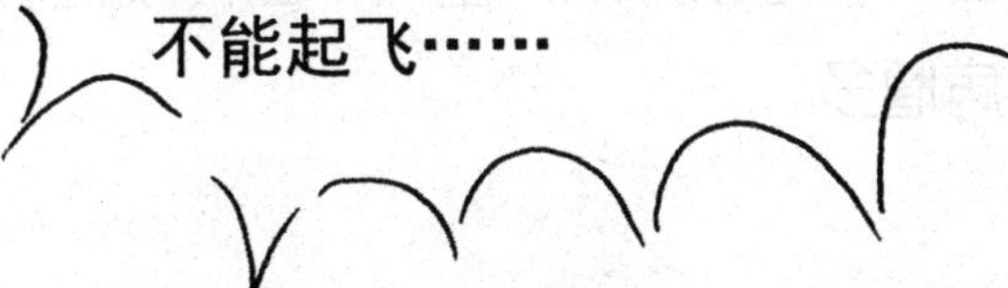

更严重的是，雾霾天气导致空气质量差，对人的健康也会造成不良影响。

雾霾中的颗粒物本身是污染物，又是重金属等有毒物质的载体，细菌、病毒等微生物也可以附着在它上面。

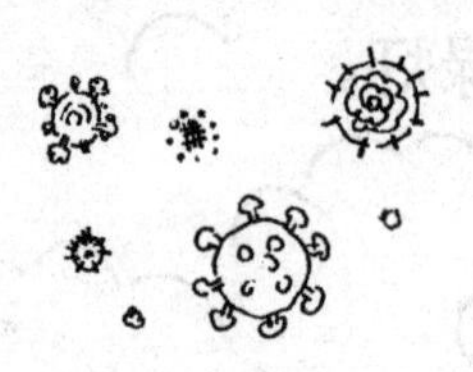

这么“丰盛”的有毒颗粒被吸进人体可不是闹着玩的。

雾霾天气还会阻挡阳光的一部分紫外线，空气中的传染性病菌因此活性增强，导致传染病增多。

紫外线可以杀灭病菌哦！

在特定的气候条件下，雾霾天气可以持续多天。在这种空气环境中生活，会给人的健康带来严重的负面影响。

2013年11月，世界卫生组织宣布空气污染物是地球上**“最危险的环境致癌物质之一”**。

人类对大气的破坏还会产生其他一些污染物，人们常提到的“酸雨”就是其中之一。

酸雨是指PH值小于5.6的雨、雪、雾、雹等大气降水。

酸雨的形成是人类向大气中排放大量的酸性物质造成的。

酸雨不是酸味的雨，是酸性的雨，通常有一定的腐蚀性。

在日常的生产和生活中，人类经常要通过燃烧煤炭和石油等获取能量。煤炭燃烧会排放出二氧化硫，石油燃烧以及汽车尾气会排放出氮氧化物。

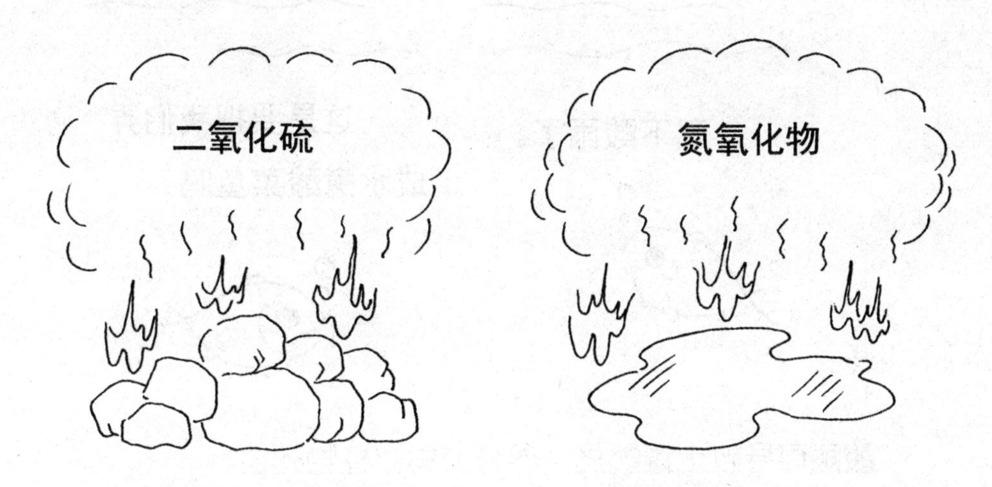

这两种气体上升进入云层后，经过水汽凝结发生化学反应。二氧化硫形成硫酸雨滴，氮氧化物形成硝酸雨滴，并随雨、雪、雾和雹等降回地面，或者像落尘一样直接回到地面。

火山爆发、细菌分解、闪电等也会产生二氧化硫和氮氧化物。

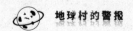

酸雨使地面水体酸化，威胁水中生物的生存。

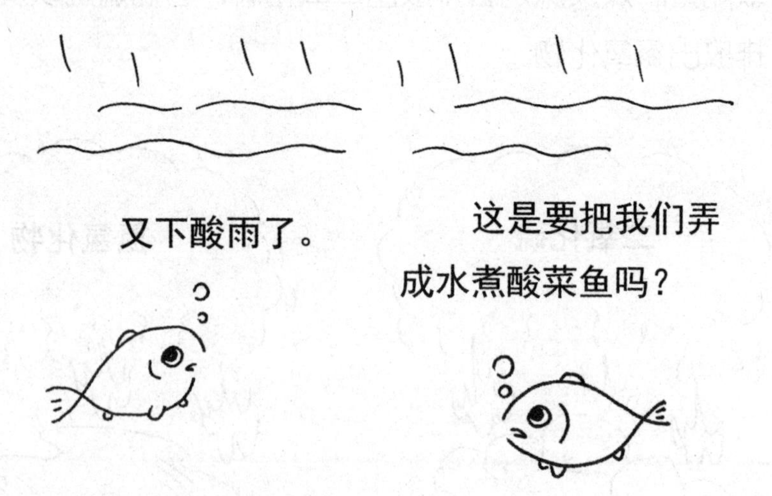

又下酸雨了。
这是要把我们弄成水煮酸菜鱼吗？

酸雨可导致土壤酸化，养分流失，植物死亡。

1983年，原西德发现全国有34%的森林染上了枯死病，先后有8000多平方千米的森林被毁。这种枯死病就是酸雨导致的。

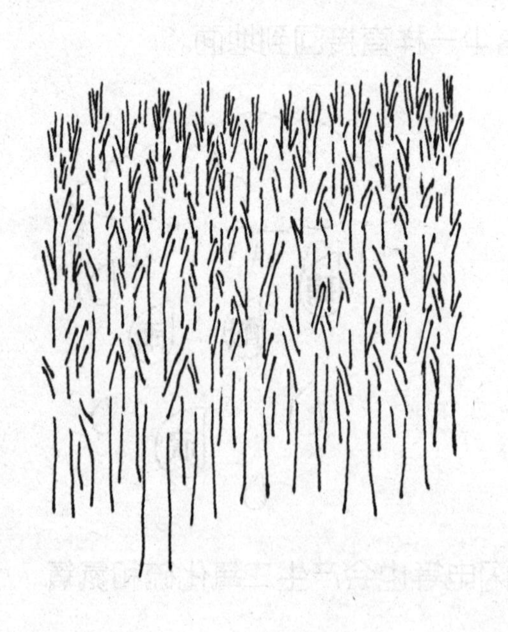

酸雨不仅直接伤害树叶，还会令土壤污染变质，对植物生长造成很大的影响。

酸雨能诱发植物病虫害，造成农作物减产。

酸雨能使一些建筑材料表面腐蚀受损。

有的建筑材料会因酸雨腐蚀而变黑或变脏，影响城市景观。

酸雨对人体健康也会产生不良影响，甚至直接引发疾病。

所以我们以后不要再去试酸雨酸不酸了。

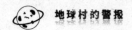

我国对大气污染治理高度重视，采取了很多措施。

减少汽车尾气排放，提倡绿色出行。

看，我的车，
高端豪华够霸气！

看，我的公交卡，
绿色出行够时尚！

工业废气进行环保处理后再排放。

工业废气经环保处理后，能大大减少对环境的污染。

推广使用清洁能源。

氢能源汽车、电动车。

用天然气代替烧煤。

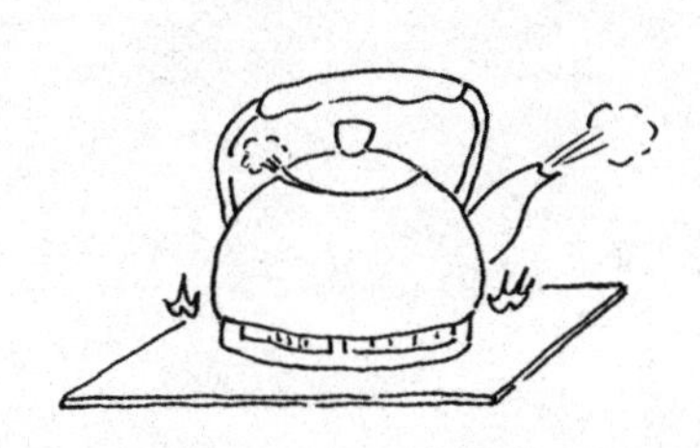

煤炭等化石燃料进行无害化处理，可减少有害气体产生。

第四章　浊流

流动的不一定是水……

仰望天空之后，我们来俯瞰一下大地吧！

水是生命的源泉，是生命存在的物质基础，也是维系地球生态环境可持续发展的必要条件。

在环境污染中，水污染是一个世界性的环境治理难题。

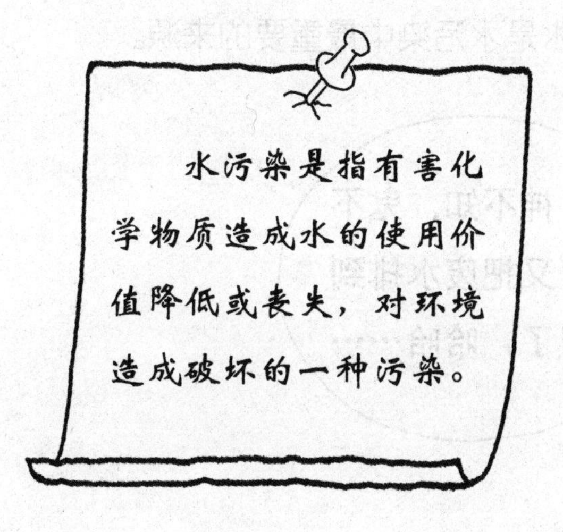

水污染是指有害化学物质造成水的使用价值降低或丧失，对环境造成破坏的一种污染。

水污染被称为“世界头号杀手”。

水被污染后，不仅会毒死水中的生物，散发异味，影响景观，还会给人类及动植物的健康和生命安全带来危害，对生态环境造成破坏。

以前水里有鱼，
现在水里有毒。

造成水污染的主要有工业污染、农业污染和生活污染三大来源。

工业生产过程中产生的废水是水污染中最重要的来源。

神不知，鬼不觉，又把废水排到河里了，哈哈……
排污管

工业废水未经无害化处理，直接排放到江、河、湖、海以及地下水等处，对水体造成极大污染。

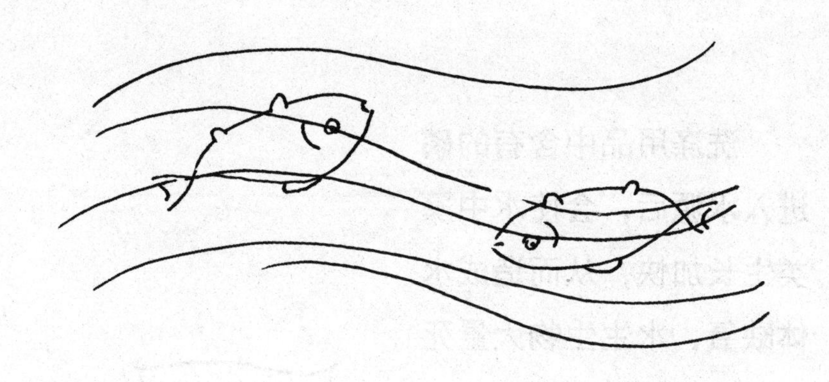

农业污染主要是指在农业生产过程中使用的农药、化肥或者牲畜粪便，未被植物吸收的部分经水流带走，将有害物质带入地面水或地下水产生的污染。

快看，这棵菜有虫，应该没有喷过农药！

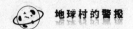

生活污染主要是指人们在日常生活中产生的污水、垃圾、粪便等，直接排入水体造成的污染。

洗涤用品中含有的磷进入水源后，会使水中藻类生长加快，从而造成水体缺氧、水生生物大量死亡、水质恶化。

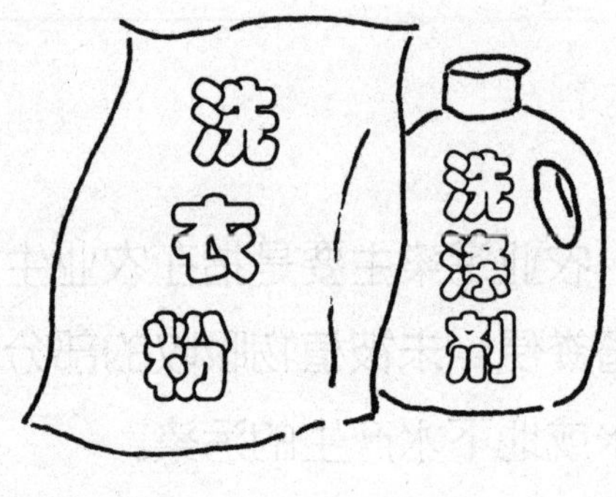

水体被污染后，对人的健康和生命安全会造成很大的威胁，也会阻碍经济社会的发展。

18世纪的英国，工业革命给社会发展带来了强大的动力。

整个国家非常注重工业发展，但忽视了对水资源的保护。

大量的工业废水、废渣直接排入泰晤士河，造成河水被严重污染。

被污染的河水影响了当地人的健康和生活。

这水没法喝呀！

就连工业用水的标准也无法达到，从而制约了当地经济的发展。

机器不能停！尽快去外地再运50车水回来。

乐意效劳，您再加点钱，运水的车会跑得更快。

此后英国经过长达100多年的时间，投入巨资治理河水，直到20世纪70年代，泰晤士河才重新恢复清澈。

20世纪50年代，日本熊本县水俣镇有一家氮肥公司把生产中产生的废水直接排放到了海里。

这些工业废水中含有一种有毒的化学成分——汞，也就是我们俗称的“水银”。

废水里的汞或者漂浮在海水里，或者被鱼类吸收，或者渗入海底泥沙中。

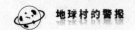

人和动物吃了海里的鱼、贝类等食物就会中毒。

因为不是一下子吃很多，所以不会马上死亡。

这是慢性中毒！

当时爱吃鱼的猫先发病，中毒后的猫开始发疯，并且全身痉挛。

痛苦不堪的猫纷纷跳海自杀。

仅仅几年，水俣地区的猫全部消失。

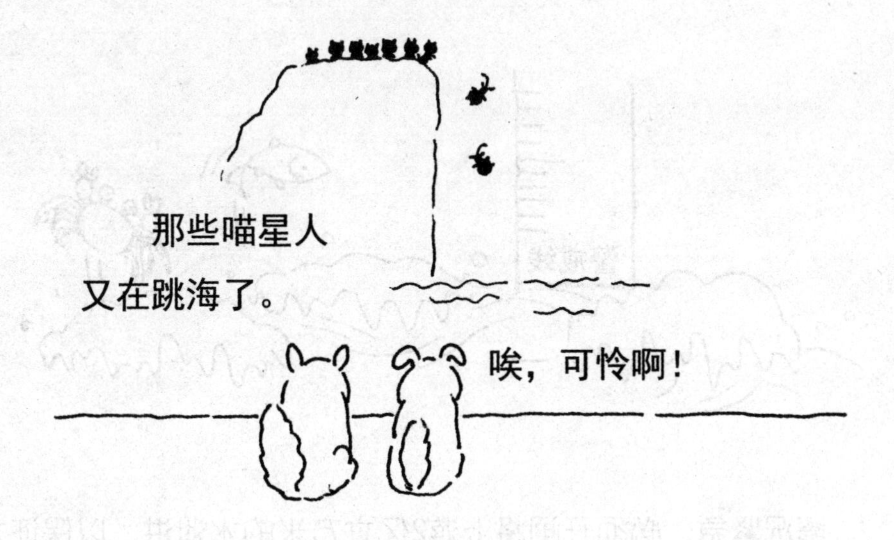

1956年，水俣地区出现了与猫的症状相似的病人。

由于当时人们不知道这是什么病，就把它叫作“水俣病”。

这种病持续多年，造成了上千人死亡。

1994年7月，淮河上游河南省境内持续暴雨，造成颍上水库水位上涨超过防洪警戒线。

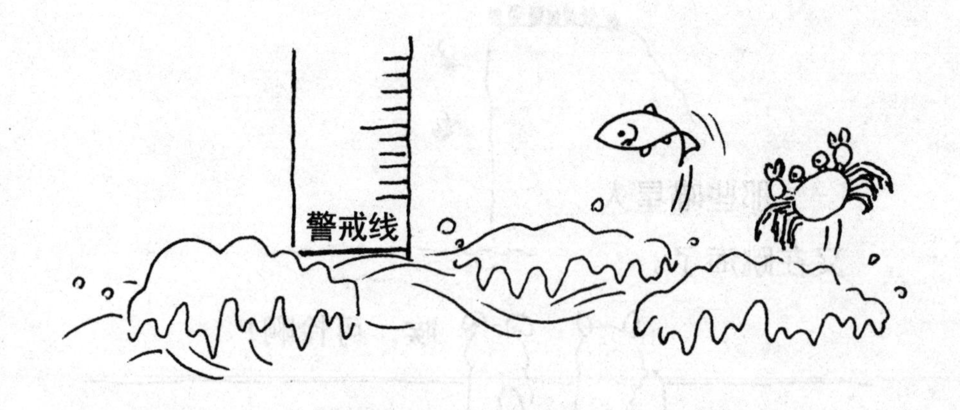

情况紧急，必须开闸将上游2亿立方米的水泄洪，以保证水库大坝安全。

为什么要泄洪呢？

水位超过警戒线后，有可能冲垮大坝。为了减少水对大坝的压力，需要放出一部分水，避免造成决坝灾难。

泄洪后，水经之处，河水浑浊，水面布满泡沫，鱼虾难活。

下游一些地方的居民饮用了用河水加工的自来水，出现恶心、呕吐、腹泻等症状。

经化验，发现是上游泄洪的水已被污染，水质恶化，由此迫使沿河各自来水厂停止供水长达54天之久。

淮河两岸百万民众饮水告急，人民的生活受到严重影响。

我要挖
一口大大的
水井……
是不是挖个坑
就会有水呢？

有的工厂将工业废水直接排入地面水或地下水中，造成附近大量居民患病，甚至形成“癌症村”。

人类对水资源的污染，也造成水生物种的生存空间被挤压，许多物种因此而灭绝。

就在2020年1月，中国特有的、有“中国淡水鱼之王”之称的长江白鲟被宣布已灭绝。

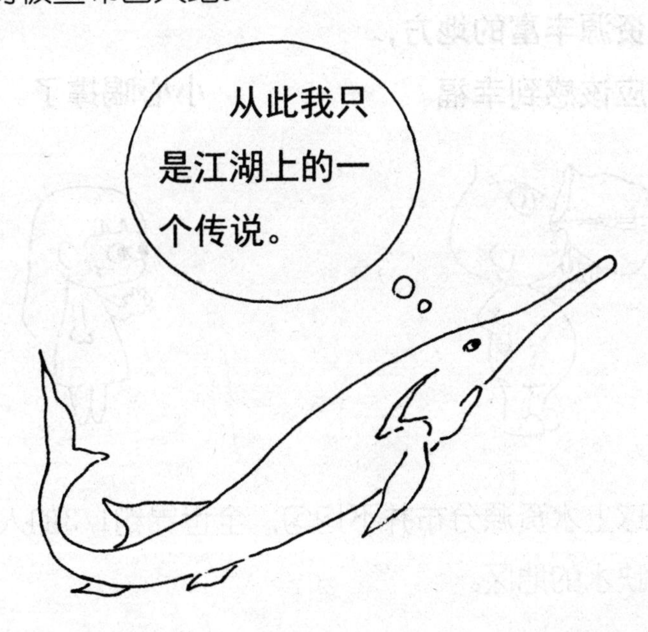

地球表面约71%被水覆盖，但这些水的96.5%是海水，剩下的淡水中有一半以上是冰。

地球上这么多水，为什么不叫“水球”？

如果把地球上的水收集在一起，与地球相比，体积是很小的。

江、河、淡水湖以及浅层地下水等可以直接利用的水资源占比很小。

能生活在水资源丰富的地方，应该感到幸福。

小心喝撑了。

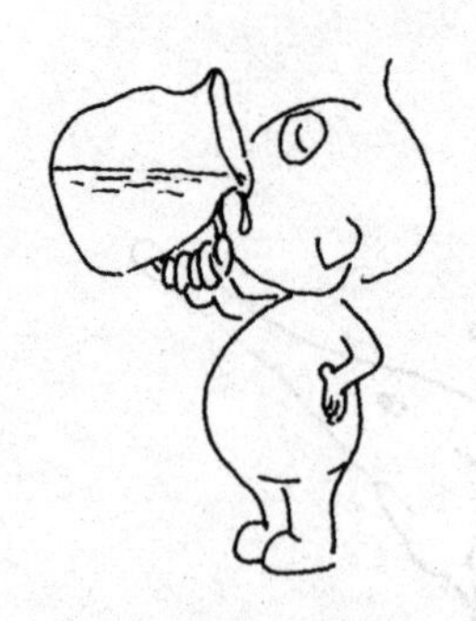

但地球上水资源分布并不均匀，全世界约1/3的人生活在中度或高度缺水的地区。

中国是一个水资源缺乏的国家，水资源人均占有量为2300立方米，约为世界人均水量的1/4，在世界上排第110位，被联合国列为13个贫水国家之一。

中国是贫水国家，可能很多人是没有这个概念的。

中国600多个城市中，有400多个城市存在供水不足的问题，其中上百个城市缺水是比较严重的。

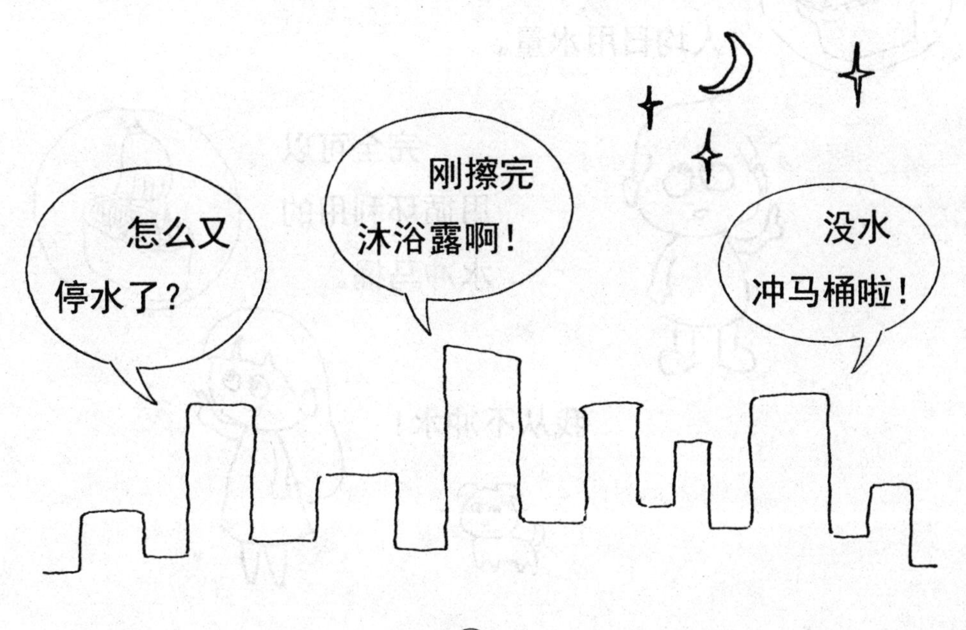

随着经济社会的高度发展，中国水污染的情况也逐渐变得严重起来。辽河、海河、淮河、黄河、松花江、长江、珠江七大江河水系以及部分地下水都受到了不同程度的污染。

本来水就少，
还污染了这么多，
更缺水了！

既要保护水
源不被污染，又
要从我做起，节
约用水！

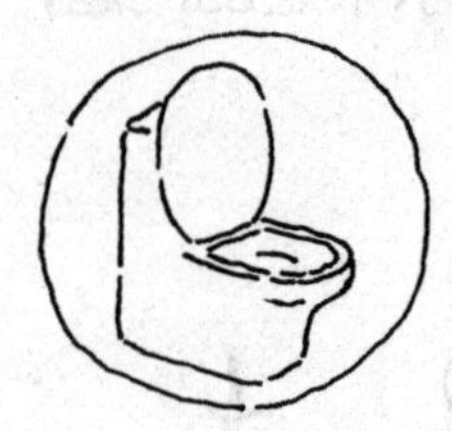

冲一次马桶的水，
相当于部分缺水国家的
人均日用水量。

完全可以
用循环利用的
水冲马桶。

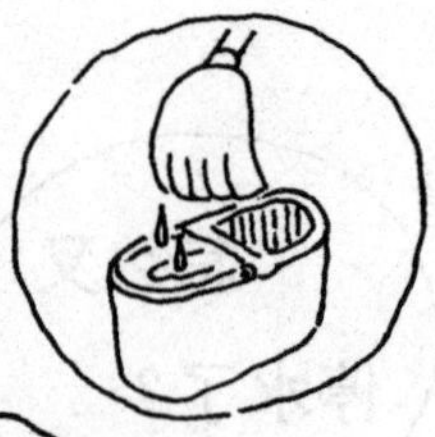

我从不冲水！

夏天打开花洒冲个澡，用水量相当于缺水地区几十个人的日用水量。

要尽量在5分钟内冲完澡。

有的人身体面积比较大嘛！

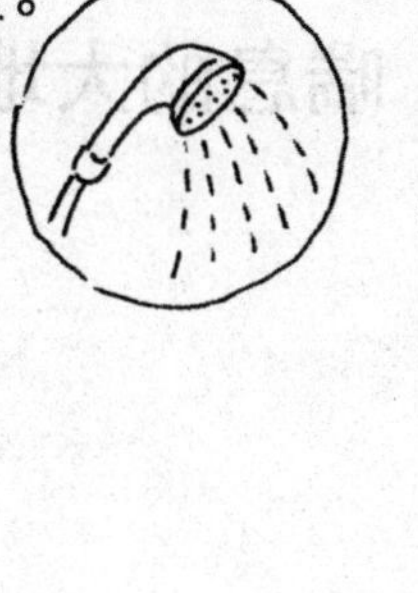

循环用水可以节约水资源。

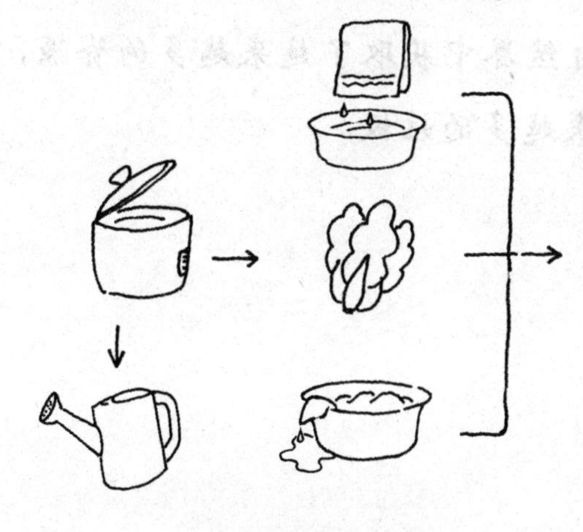

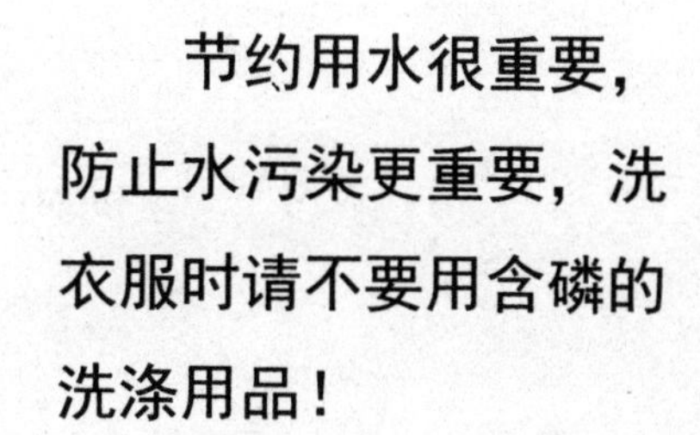

节约用水还可以想出很多方法。

节约用水很重要，防止水污染更重要，洗衣服时请不要用含磷的洗涤用品！

第五章　喘息的大地

千百年来，人类从自然界中获取了越来越多的资源，而给予自然界的却是越来越多的垃圾。

淡水是陆地上最重要的自然资源之一，而同样是陆地重要资源的土地、矿产也非常需要保护。

你手里捧着
什么这么深情？

这是象征国之
根本的一抔泥土。

土地是立足之本，是人类赖以生存的基础。俗话说“一分耕耘，一分收获”，土地带给人们的总是播种勤劳、收获幸福的希望。

俺要开疆拓土啦！
种个
地而已。

然而，就是这片养育我们的土地也正在遭受污染。

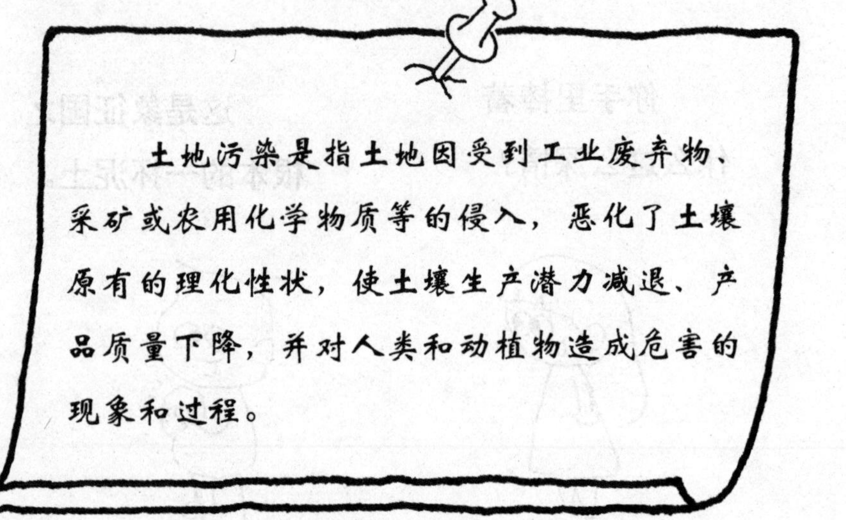

土地污染是指土地因受到工业废弃物、采矿或农用化学物质等的侵入，恶化了土壤原有的理化性状，使土壤生产潜力减退、产品质量下降，并对人类和动植物造成危害的现象和过程。

土地污染源主要有四种：工业污染、交通运输污染、农业污染和生活污染。

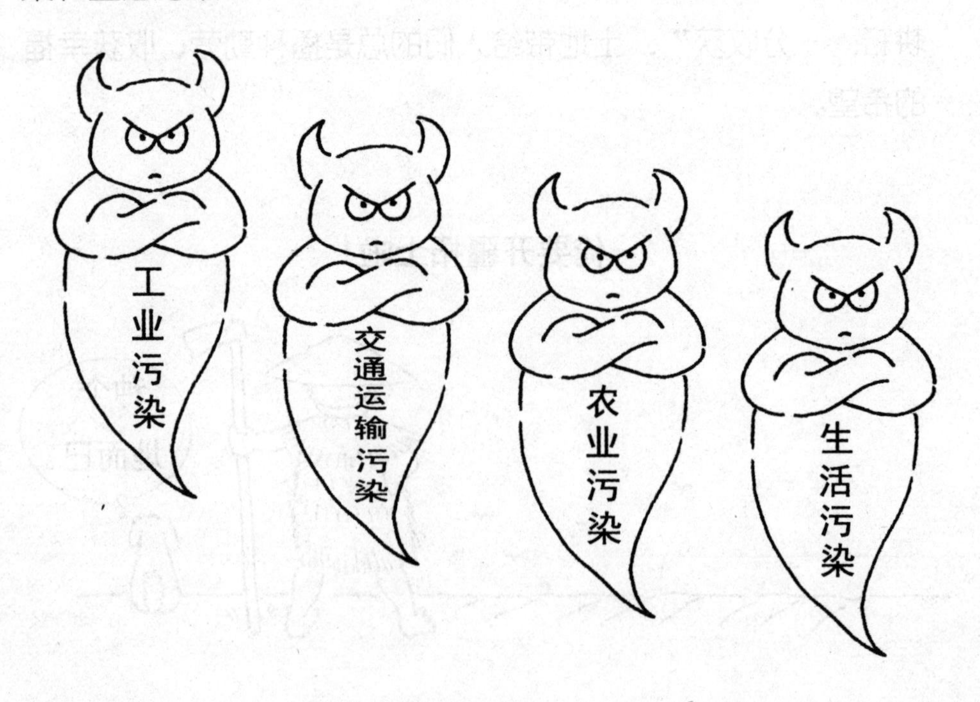

工业生产中产生的废水渗入土地。

工业生产排放到空气中的有害气体、粉尘随雨水降落到地面，侵蚀土地。

工业废渣堆放，有害物质随雨水冲刷等渗入土地。

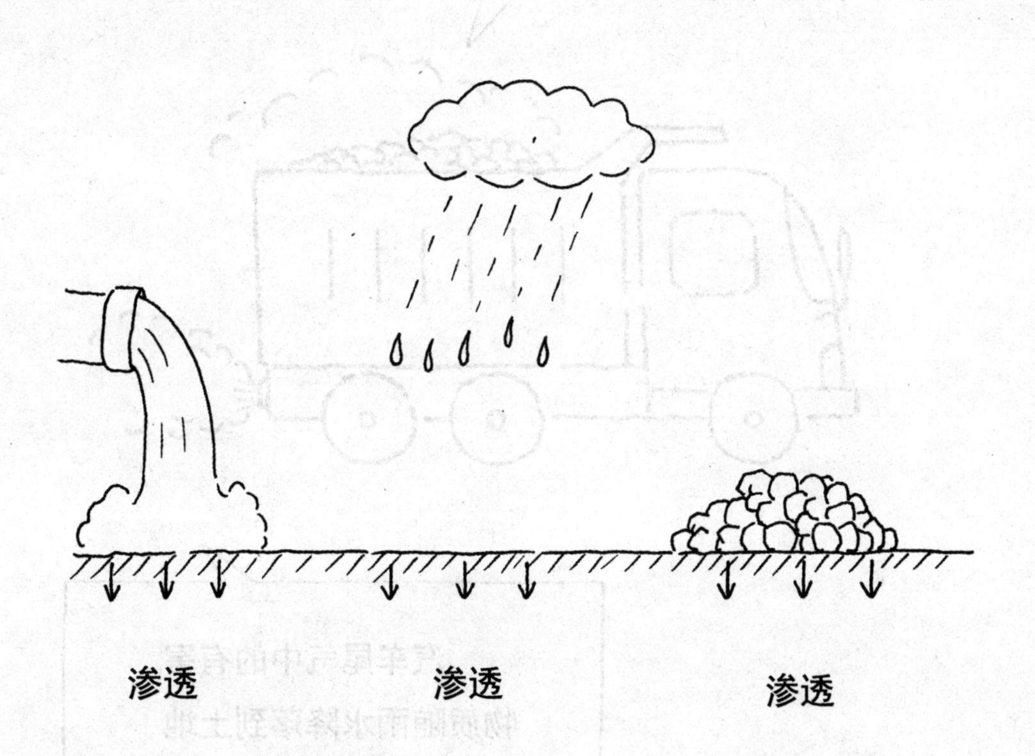

运输含有有害物质的物品，粉尘可能会被风吹到土地上造成污染。

汽车尾气中的有害物质随雨水降落到土地上造成污染。

农业生产中使用的农药、化肥以及塑料薄膜等会对土地造成污染。

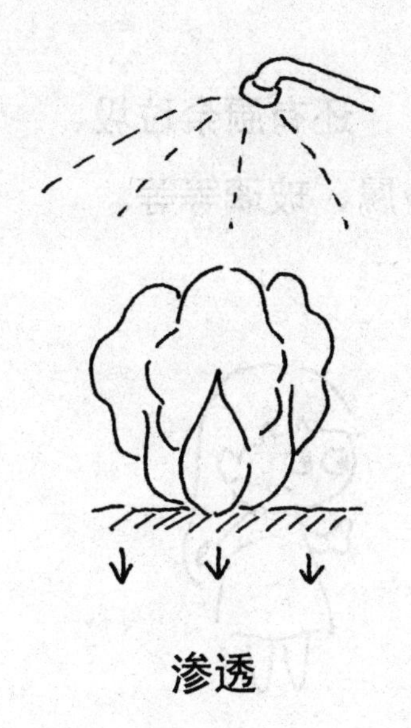

渗透

塑料薄膜在土壤中很难降解，会造成污染。

普通塑料袋在土壤中降解需要多少年？

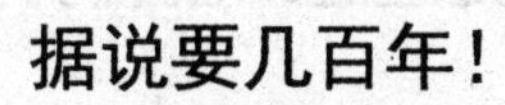

日常生活产生的垃圾种类繁多，一般可分为四类。

生活垃圾中不但有难降解的塑料袋，还有有害的废电池、日光灯等。

还有厨余垃圾、金属、玻璃等等。

这些生活垃圾处理起来比较困难，但如果能分类投放，处理起来就容易多了。

大家一起动手，减少环境污染。

可回收物

有害垃圾

厨余垃圾

其他垃圾

通常土地是有一定的自净能力的，但是当进入土地的污染物数量超过其容量和自净能力时，就会形成污染。

土地污染导致农作物产量和质量下降，并且有害物质被农作物吸收后，会通过食物链的传递最终危害人的健康。

土地污染还会导致植被减少，对生态平衡造成破坏。

各种污染是相互联系的。

中国是世界第一人口大国，但土地资源并不丰富。随着现代工业、农业的不断发展，土地污染问题也日益凸显。

举个栗（例）子

众所周知的东北肥沃的黑土地，其黑土层在过去半个多世纪里减少了约50%。

黑土地是非常珍贵的土壤资源，地球上只有四大块黑土区，其中一块就在我国东北地区。

黑土地减少的原因主要是水土流失和土地污染。

为了弥补土地污染导致农作物减产的不足，只好加大使用化肥、农药的分量，由此又加大了土地污染的程度，这样就形成了恶性循环。

据有关机构测算，在田地里使用的大量农药，其中只有0.1%左右可以作用于目标害虫，约99.9%都进入了土壤等生态系统。

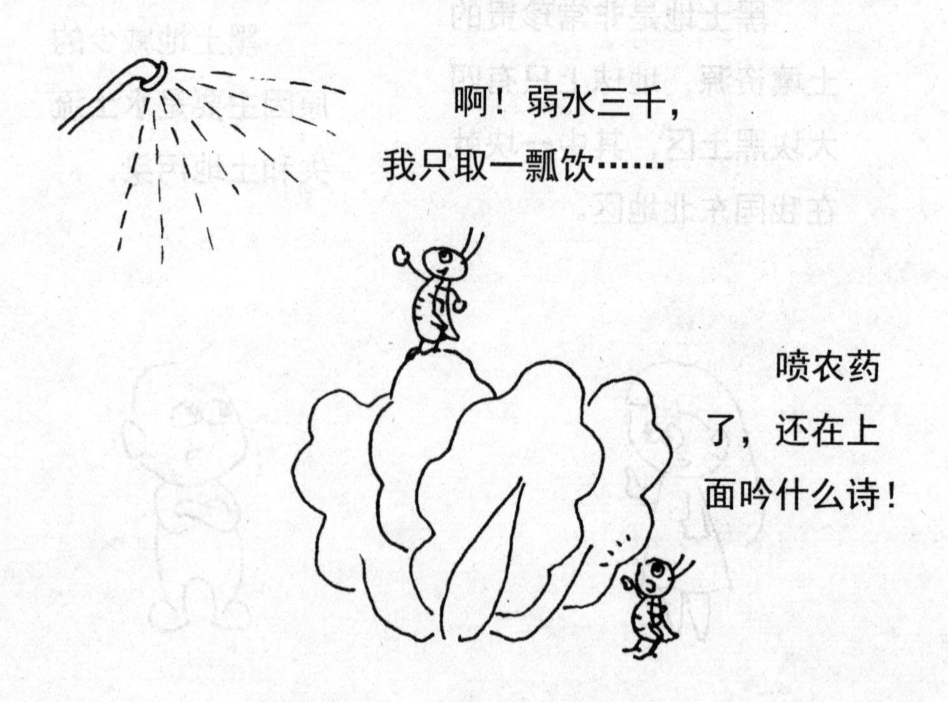

啊！弱水三千，
我只取一瓢饮……
喷农药
了，还在上
面吟什么诗！

据有关部门统计，目前我国耕种土地有相当一部分已经受到重金属污染。

人吃了被重金属污染的食物会严重损害身体健康，甚至导致死亡。

这种重金属看不见、摸不着，简直就是隐形杀手！

凶手是谁？

农业、工业等造成的土地污染，也会使粮食大量减产。

被污染的土地可能还在不断增加。

必须想办法控制住！

土地一旦被污染，要重新恢复十分困难。所以只能在土地没有被污染的时候努力保护好，为子孙后代留下一片净土。

我们再来看看矿产资源。

矿产资源是指经过地质成矿作用而形成的，天然赋存于地壳内部或地表，埋藏于地下或出露于地表，呈固态、液态或气态的，并具有开发利用价值的矿物或有用元素的集合体。

通俗地讲，矿产资源就是有用的矿物。

我知道！钻石、金子都是矿物，我喜欢！

目前我国已知的矿产有170种左右。

能源矿产，如煤、石油、天然气等。

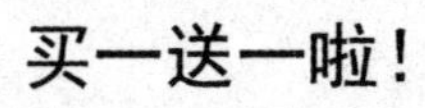

买一送一啦！

金属矿产，如铁、铜、铝等。

这把宝剑用天山寒铁和紫铜经过九九八十一天锻造而成，削铁如泥……

这个哑铃拿去切片。

非金属矿产，如金刚石、花岗岩、黏土等。

瞧一瞧，看一看，胸口碎大石啦，坚硬的花岗岩……

这就是传说中的“躺赢”。

水气矿产，如矿泉水、温泉水、气体二氧化碳等。

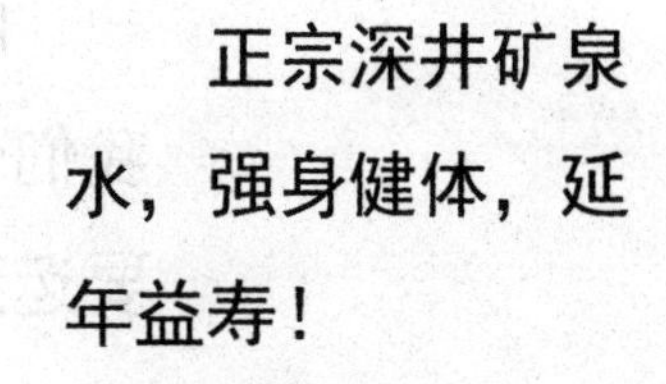

正宗深井矿泉水，强身健体，延年益寿！

矿产资源是人类生存和社会发展的重要物质基础，人类的生产、生活都离不开矿产资源。

开发、利用矿产资源是社会发展进步的需要。

但是在开发、利用矿产资源的过程中，会产生破坏环境的问题。

在矿物采挖、冶炼的过程中会产生废气、废水和废渣等污染物。

采矿产生的废石若露天堆放，其中的有害物质会被雨水冲刷渗入土壤。

喂，你们把我们全家挖出来要运到哪里？

矿产开采可能使地下水水位下降，还有可能造成地面沉降、塌陷。

怎么水井没水啦？
都能看见井底之蛙了。

还会影响矿区周边植被生长，造成水土流失。

唉，山头也秃了。

由于矿产可带来巨大的经济利益，有的人便不顾一切地大规模开发矿产资源。

把山掏空了没关系，发展经济总是要做出一点牺牲的嘛。

可是……

矿产资源在地下要经过几百万甚至上亿年的时间才能形成，所以它是不可再生资源。

举个栗（例）子

石油就是由几百万年到几亿年前的海洋动物、海藻等经地球不断演化而形成的。它属于不可再生资源，用完就没有了。

石油的用途非常广泛且重要，被喻为“工业的血液”。

有研究机构预测，地球上的全部石油仅够人类使用100年左右。

过度开发矿产资源不仅会污染环境，还会造成资源浪费甚至枯竭。

举个栗（例）子

稀土是稀缺资源。我国稀土储量约占世界总储量的 37%，但曾经全世界消耗的 90% 以上的稀土是由我国供应的。

把自己的资源用完了，以后就要去求人家卖给我们。

把资源用光了也对不起子孙后代啊！

第六章　X攻略

当有人问你，一生中干过什么大事。你可以回答：我曾参与过拯救世界！

这是一个生机盎然的世界，
也是一个危机四伏的世界。

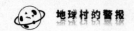

地表温度在不断升高，温室效应正酝酿着新的气候灾难；空气被污染，水源被污染，土地被污染，资源被过度开发；许多物种加快了消亡的步伐，人类和动植物的生存空间一步步被挤压；病毒、病菌虎视眈眈，伺机而动……

人类若再不醒悟，并停止对大自然的伤害，终将会把自己和整个世界推向万劫不复的深渊！

拯救世界的任
务就交给你了！
很像电影
里的台词。

如果我是超人，我会用我的超能力，让受污染的空气重新变得清新，让受污染的水源重新变得清澈，让受污染的大地重新焕发生机。解救那些濒危的野生动植物，为它们创造一个优美的生存环境……

如果我手握大权，我会对生态环境加以重重保护，把破坏者全部处以重罚。让所有人敬畏自然、珍爱生命！

报告，又抓到一个向河里排污的……
先让他在河里游3个小时！
这法子虽然解气，但不一定合法！

但……我只是一个平凡的普通人。

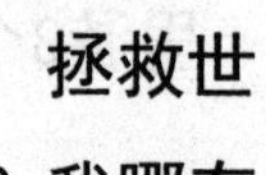

拯救世界？我哪有那么大本事。

你的想法很正常，但是不正确。

虽然你没有身披斗篷、内裤外穿，但只要你决意拯救世界，你就会迸发出巨大的能量来改变世界！

你是在嘲笑我这身名师设计的行头吗？

虽然你只是一个普通人，但你却可以团结千千万万像你一样的人，集众人之力拯救世界。

如果发动人员像跳广场舞这么容易就好了。

说了这么多都是没用的，有没有实际一点的？比如说给我几百个亿的拯救世界基金什么的……

拯救世界的方法有很多，看在和你有缘的份儿上可以告诉你一种，那就是能赋予你拯救世界超级能量的，传说中惊天地、泣鬼神的“X攻略”。

“X攻略”有两大硬核武器，只要你运用了这两大武器，你就可以在拯救世界的伟大行动中大显身手。

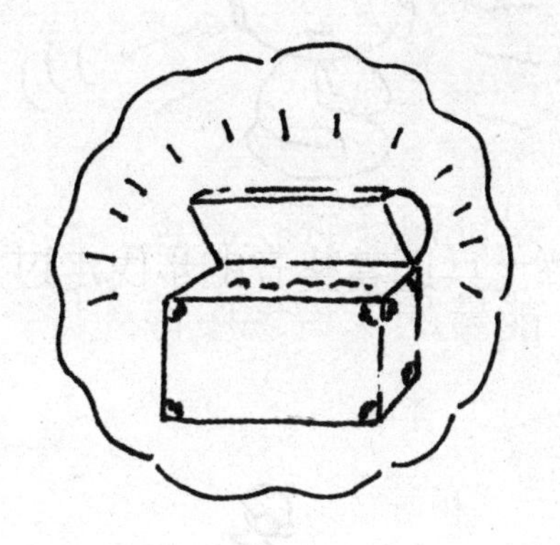

胡说，核武器是毁灭世界的。这个攻略用得好的话比核武器还要厉害，并且人畜无害。

哪两大武器？是核武器吗？

“硬核武器”之一：

意识共振

也许你听过这样的故事，当一群士兵迈着整齐的步伐走过大桥时，大桥突然坍塌了。

历史上这种事情在有的国家曾经真实地发生过。

为什么桥会塌呢？原来每一个物体都有一个内在的振动频率，当外界其他物体的振动频率和它的频率一致时，就会引起该物体发生振动，这就是物理学上所说的“共振现象”。

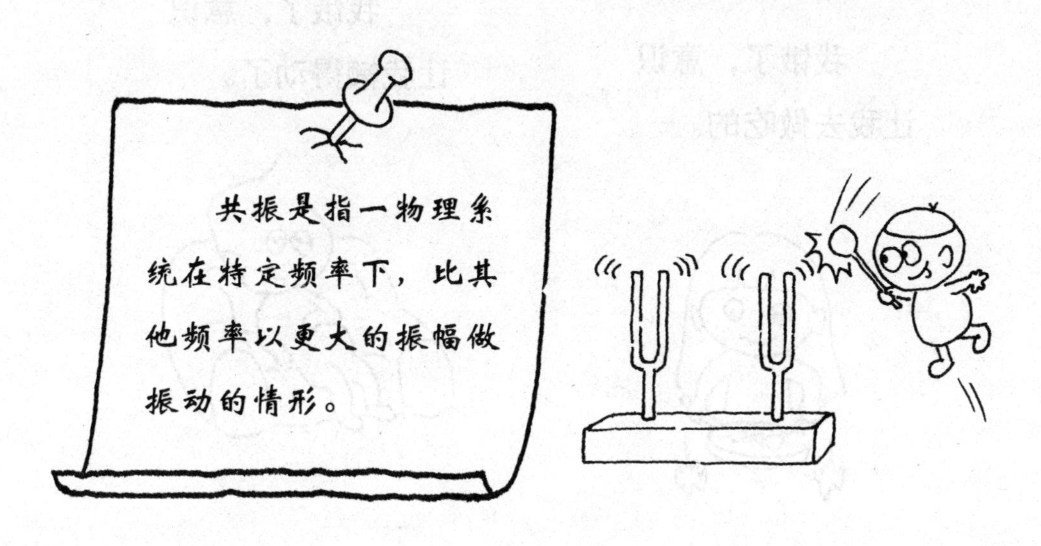

共振是指一物理系统在特定频率下，比其他频率以更大的振幅做振动的情形。

当士兵整齐步伐的频率和大桥固有的振动频率一致时，大桥也就开始振动了，然后越振幅度越大，再然后就塌了。

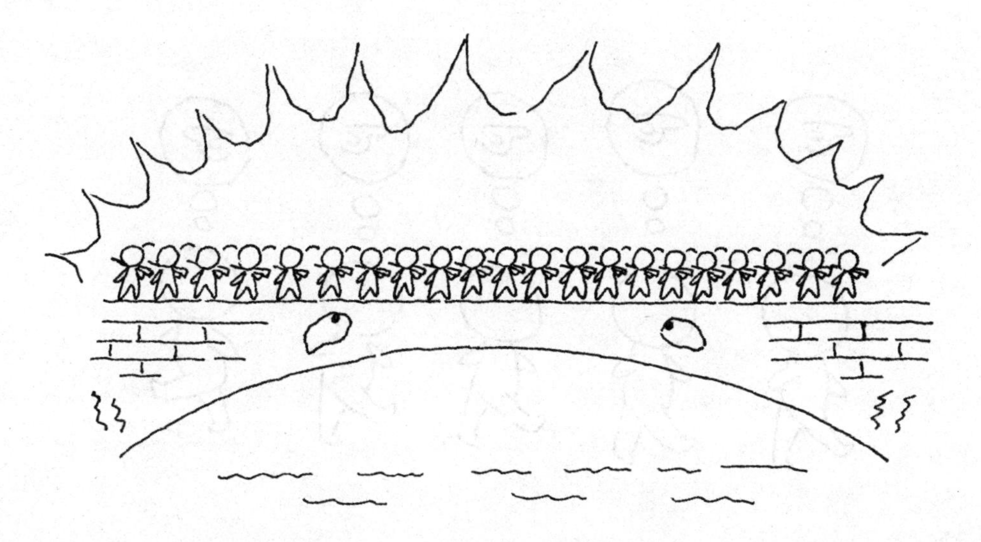

人类是由无数个个体组成的，人的行动是由人的意识决定的。

我饿了，意识让我去做吃的。

我饿了，意识让我懒得动了。

你是人类的一分子，当你的意识改变了，人类的意识就有了一分改变。

当你向身边的人宣传保护自然的观念时，有的人观念便会发生转变，于是人类的意识又多了几分改变。这些人又继续向他们身边的人宣传，于是就会有更多的人转变观念。这种连锁反应持续下去，就像“蝴蝶效应”一样，最终会使大多数人的意识得到改变。

人性本善。每个人的内心深处都有热爱自然、期盼美好的本能。这就相当于物体内部固有的频率。

我听到内心深处“善”的呼唤了。
请爱护花花草草

当你向别人宣传自然遭受破坏，需要人类停止破坏行动，并付出爱心加以保护的观念时，如果你的宣传与他人内心的本能达成一致，便会形成“共振”。

让世界更美好……

“共振”能调动他人的热情，坚定他人保护自然的意识，进而使他人开始付诸实际行动，并向更多的人传达这种意识。这样一传十，十传百……热爱自然、停止伤害、拯救世界的意识便会越传越广，在社会中逐渐形成珍爱自然、保护地球的良好氛围。这就是“意识共振”的威力。

当许多人的这种意识“振动频率”一致时，就会引起更多群体的“共振”。

要干就干一番拯救世界的大事！

既然知道了这个武器的厉害，就要马上拿起武器开始行动。
先把家人拉入保护自然的阵营。

看在地球的份儿上，不跟她计较。
有很重要的事情跟你说！
拉我干什么？

再把亲戚、朋友、同学也拉入保护自然的阵营。
然后尽量把所有可以拉入阵营的人统统拉进来。

为了更好地运用这个武器，还需要了解一些情况，如人类的哪些行为对大自然造成了伤害，哪些做法是违反自然规律的，等等。懂得了这些，你才会更加有底气。

当你努力向周围的人传递爱护自然的意识时，这种意识就会逐渐传播出去。传播的人多了，人类的整体意识便会发生改变。

要相信，你播撒下的
种子一定会开出美丽的花朵。

“硬核武器”之二：

变身大法

我只会变脸！

小时候总是幻想，如果拥有一种魔法可以变身该有多好啊！

看俺七十二变！

长大后才知道，世界上根本就没有什么魔法。

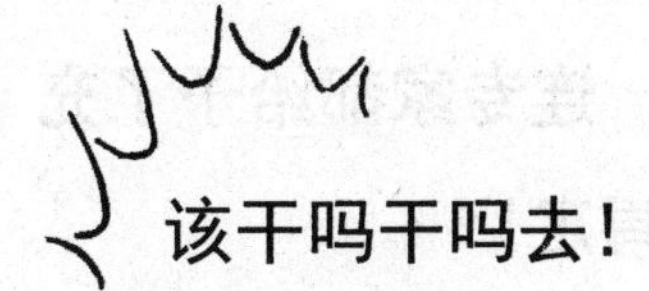

该干吗干吗去！

起飞，起飞，起飞呀！

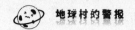

不过现在却发现世界上真的有——魔——法！

我发现许多我以前认识的人，他们用同一种方法悄悄变成了另外一个人。

有这么神奇吗？

只要施展这种法术，你就可以变成你想要成为的那个人。

这是我长期观察和反复思考的一个重大发现，连专家都给予了充分肯定！

能悄悄地告诉我是什么法术吗？

这个变身大法就是——学习！

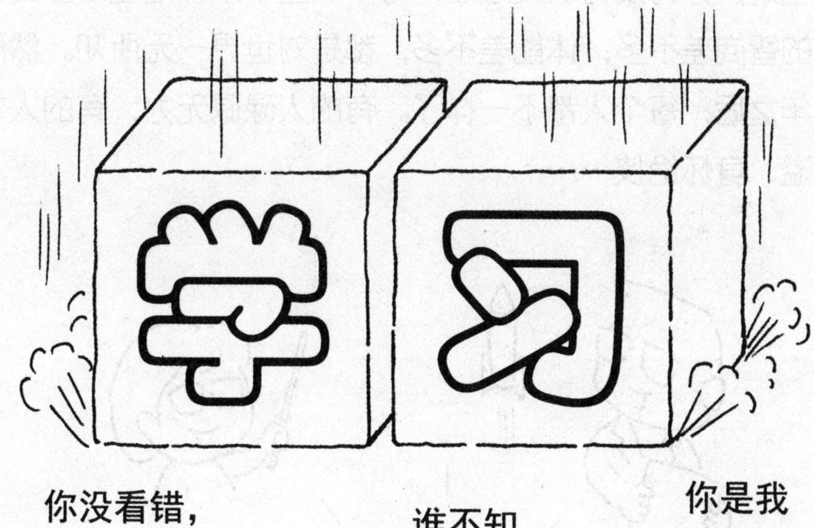
学
习

你没看错，就是学习！

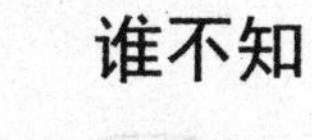

谁不知道学习呀！
你是我们班主任派来的吧？

可能有的人一看到“学习”这两个字，就会觉得是老生常谈，甚至觉得烦。

学
习

但是，你有没有认真想过，每个人生下来都是差不多的，大家的智商差不多，体能差不多，都是对世界一无所知。然而若干年之后，每个人都不一样了。有的人碌碌无为，有的人才华横溢、身怀绝技……

是什么使大家发生了变化，在各行各业从事着不同的工作？毫无疑问，就是学习！

如果一个人从一无所长变得本领高强，将其过程看作是一个修炼的过程，那么修炼的秘诀就是学习。

把这些动作做
10000次，你就会
明白其中的奥秘。

把这些书
读完，你就不
是现在的你了。

工作的过程也是一种学习。干活越多，积累的经验也越多，成长就越快。所以不要怕干得多，不要怕吃亏。

好汉要
吃眼前亏啊！

不管你想要成为什么样的人，只要你朝着你的目标努力学习，不断提高你的能力，你就有可能变成你想要成为的人。

从来没有人
是因为不学无术
而成功的。

除非你有中
巨额大奖的命！

不过，就算你有中大奖
的命，没有本事，得到的大
奖也会很快失去……

所以，我们司空见惯的“学习”，其实是一种看似平凡却无比珍贵的变身大法！

上天是公平的。它把能让人变身的法术放在日常生活中，并且人人都可以做得到，就看你能不能明白这个法术的本质，懂不懂得去运用。

能悟出其中深意的人，往往能取得成功。

当然，并不是你学习了，你就会成功。

运用学习大法还是有讲究的。

首先，学习要有一定的强度。人的生命是有限的，而且精力充沛的年龄段不是很长，而大千世界我们要学习的东西太多，如果学习没有一定的强度，就很难在最佳的年龄段掌握足够的本领来支撑你最佳的发挥。

我从书本上吸收了大量的知识能量，谁能跟我比！
我也要多吸收一些知识能量才行。

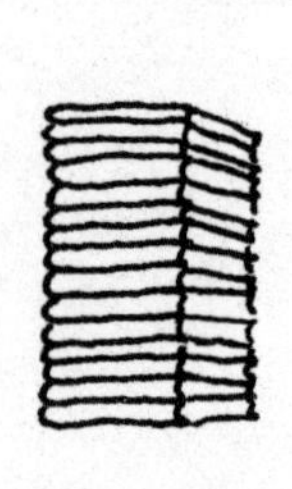

这就是为什么成功的人往往是那些比别人努力的人。因为他们知道在同样的时间内比别人下更多的功夫，就会比别人更早脱颖而出。更多的付出决定更大的成功。

他们只看到我的强大，却没有看到我背后下的功夫。
哇，好帅！
哇，好成功啊！

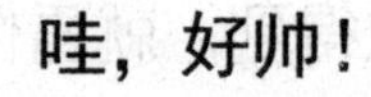

同时，学习方法也是十分重要的。用对了学习方法，可以在同样的时间内掌握更多的本领。

高效的学习能让你把握更多的时间和主动权。

凡是我
追不上的人
都容易成功！
高效让我
的一天不止24
小时！

知道了变身大法的秘密，你就可以施展这种法术去拯救世界了。

你可以变成知识渊博的科学家，研制出消除环境污染的先进设备。

有了这台设备，能让空气变清新，还可以调出不同的香味……

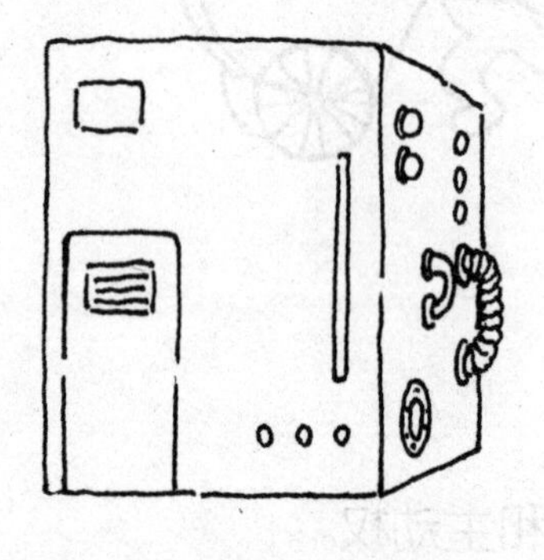

或者变成悬壶济世的医药学家，研究出对抗瘟疫、病毒的灵丹妙药。

我要研制一种只在病毒之间疯狂传染的必杀疾病。

他的研究要是成功了，我们就都完蛋了！

或者变成救死扶伤的医护人员，为病患解除痛苦，恢复健康。

或者变成公正无私的执法人员，严厉打击各种破坏自然生态的不法行为。

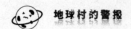

或者变成启迪心智的教育工作者，让爱护自然、保护地球的观念深入人心。

今天的课专门

选在户外来上……

或者变成英勇顽强的军人，为世界和平保驾护航。

拥有变身大法，还可以变成许多你想变成的人……

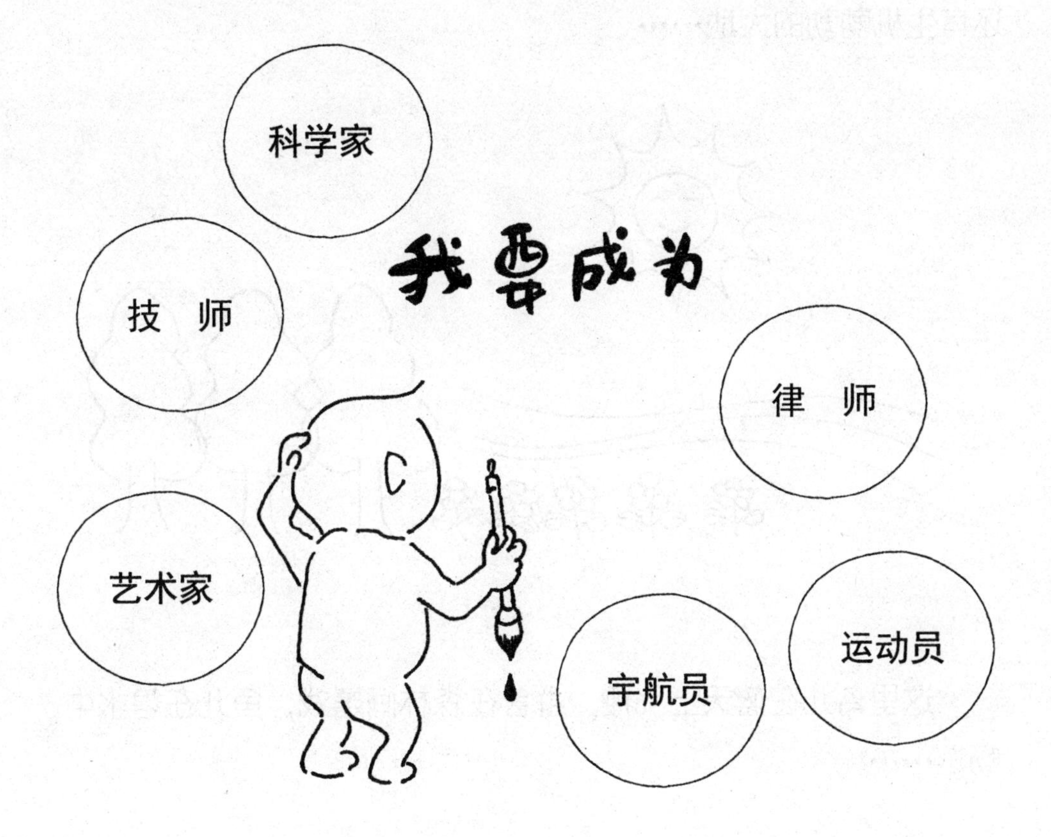

无论你想变成什么样的人，都可以通过学习来实现。

无论你变成了什么样的人，都可以用自己的能力为保护地球、让世界变得更美好贡献一份力量。

地球是我们的家园。

这里有灿烂的阳光、清新的空气、清澈的流水、葱郁的森林，还有生机勃勃的大地……

这里鸟儿在蓝天上飞翔，群兽在森林间嬉戏，鱼儿在碧水中畅游……

美好的世界值得我们珍惜，需要我们保护。

人类要开发自然、利用自然，就必须遵循自然的规律。

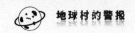

如果我们无休止地向大自然索取，无视对大自然的伤害，那么必将自食其果。

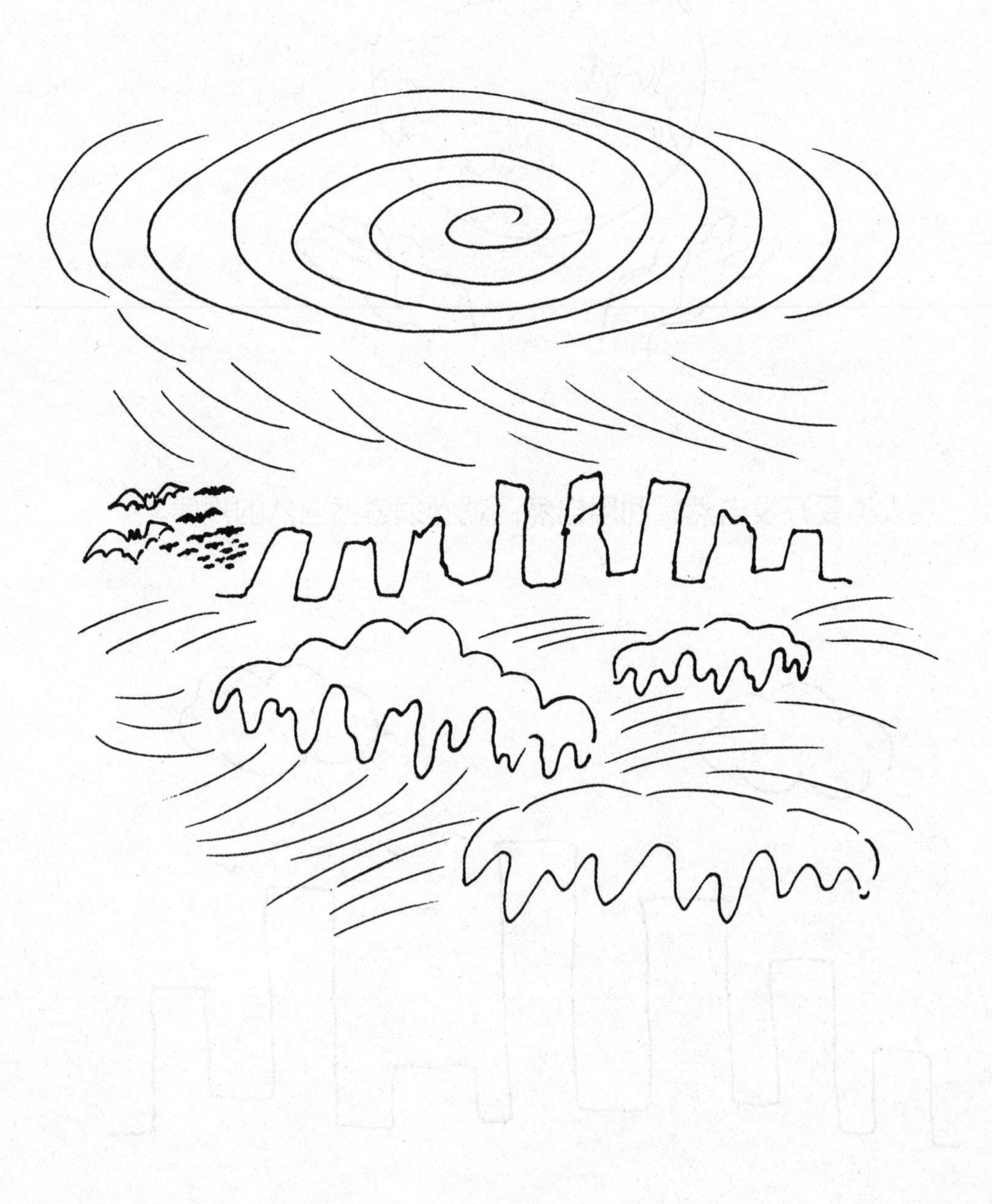

多一个人加入保护地球的行列，地球就多一分生机和希望。人类善待大自然，大自然也会善待人类。

给世界一个机会，不要让她再毁灭下去！

给世界一个机会，要让她变得更加美好！

给世界一个机会，也是给人类一个机会！